JN305672

アパレル素材の印象情報処理

石井　眞人

くんぷる

アパレル素材の印象情報処理

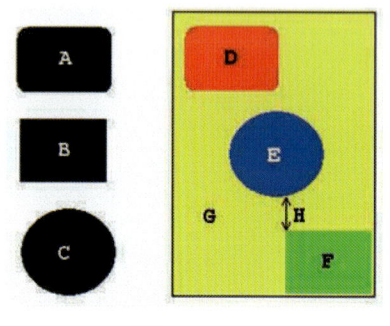

－ 口絵 －

図 3-1

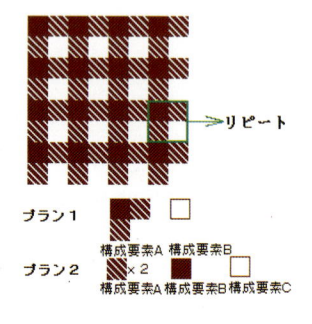

図 4-3

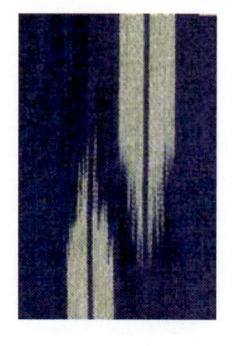

図 4-5(a)

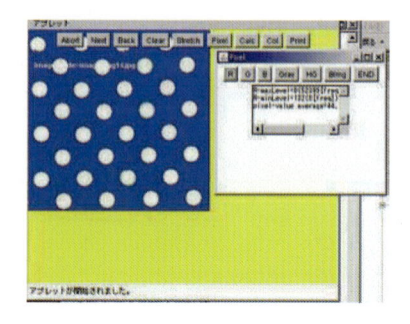

図 4-6

口絵 II

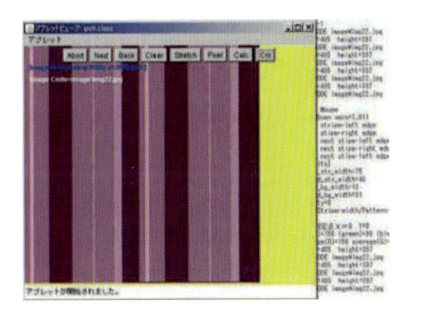

図 4-7

図 4-8(a)

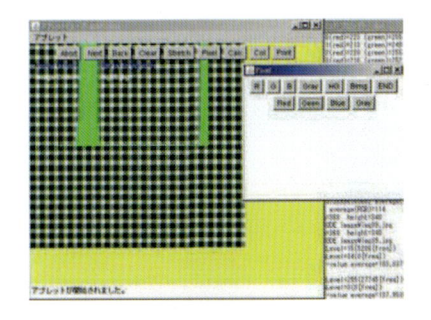

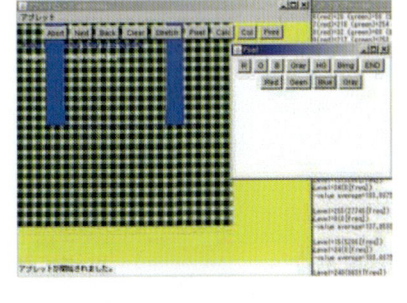

図 4-8(b)

図 4-8(c)

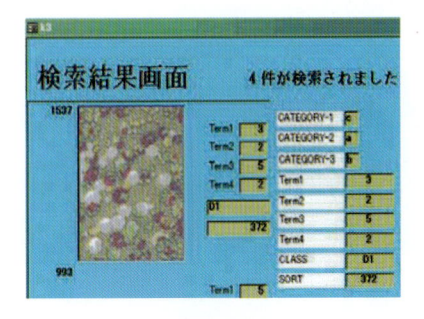

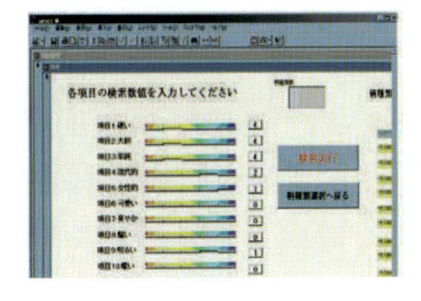

図 5-3

図 5-4

口絵 III

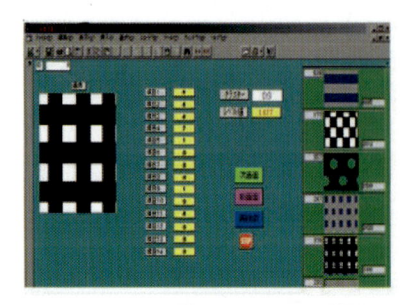

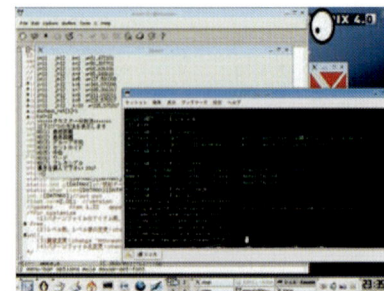

図 5-5

図 5-12

図 5-8

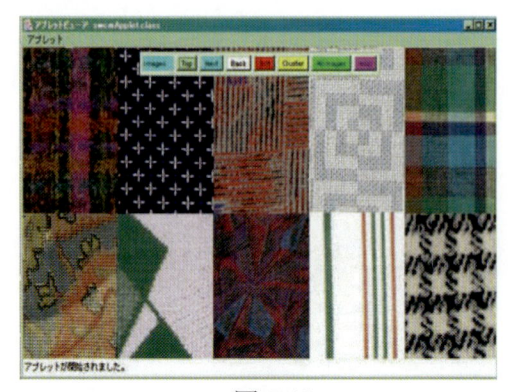

図 5-13

口絵 IV

図 5-16

図 5-17

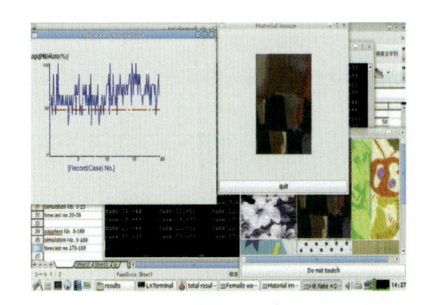

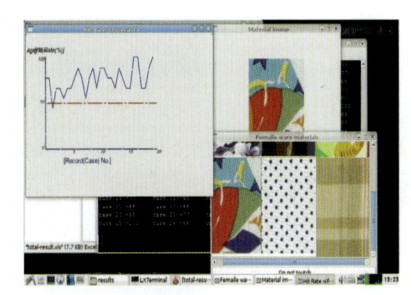

図 5-20

図 5-21

口絵 V

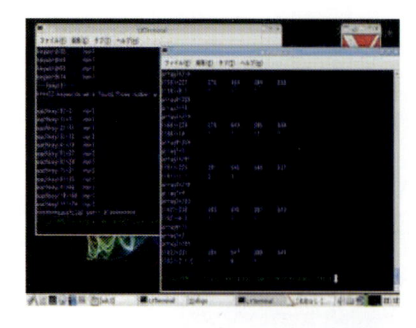

図 5-26

図 5-28

図 5-29

図 5-30

口絵 VI

図 5-31

図 5-32

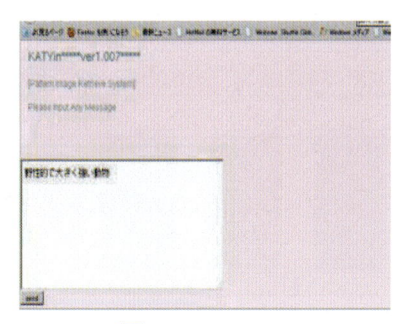

図 5-33

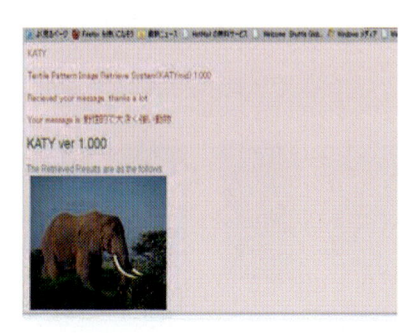

図 5-34

口絵 VII

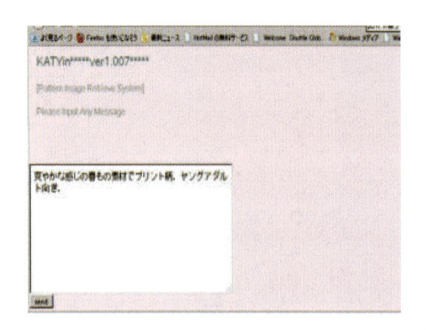

図 5-35    図 5-36

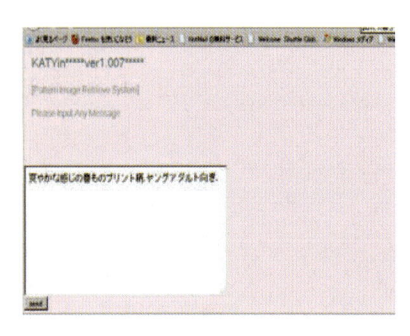

図 5-37    図 5-38

図 5-39 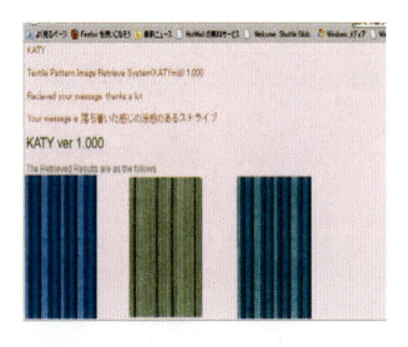   図 5-40

口絵 VIII

まえがき

　先日、家族で「この20年間で生活上劇的に変化したもの」について、議論?した。その結果、次の3点が採択された。

　一番目は、電子レンジの使用度アップと冷凍食品の購買量の増加である。これは、今や台所の必需品になった電子レンジの低価格化に伴う普及割合の増加と、多彩な冷凍食品の味の向上であろう。厨房に入らない私のような石器時代の男であっても、電子レンジくらい使えるし、冷凍食品だって人気の高い美味しいものは1つくらい知っている。

　二番目は、携帯電話(もちろん、スマートフォンも含みます)とインターネットの使用であった。今や若い人(ばかりではないが)にとって、スマホとケイタイは必需品とのこと。友達とのコミュニケーションには不可欠であるし、パソコンが家電のごとく入り込み、ネットで簡単にレポート作成を可能にする世の中である。我々が学生時代使用したコンピュータ(当時は電算機と言った)は、広い空調のある部屋に1、2台しか無かった。それほど大きくて、まったくパーソナルとは無縁であった。

　三番目は、これがなかなか出てこなかった。候補としては、従来の電車の乗車券がカードや自動改札になったこと、あるいは自動車のキーがリモコンになったことなどがあげられたが、どれも上位二つと比較して小物であることは否めない。そして最後に残ったのが薄着である。今や昔の重いオーバーコートを着ている人はほとんど見かけなくなった。私も真冬時は着たいのだが、どこかにしまわれたままだ。この原因は、暖房の普及もあるが、保温性下着の普及も見逃せない。サラリーマンは厳冬時でも軽めの背広でビル街を走り抜けていき、見るからに軽快そのものである。今やこれを販売したユニクロのショップはどの街でも見かけるようになった。一アパレルメーカーが下着やアウターなどの数アイテムで、日本中を席巻するとは予想もしなかった。この勢いは国内に止まらず、今や世界のユニクロと言っても過言ではないようだ。当然我が家でもここの製品は10点以上確実に購入している。

　これらの我が家の三大変化を振り返ると、古い人間にとって「劇的」という割には20年間の変化は余りにも小さいと感じる。というのも、この流れは50年前から細々ながらずっと継続してきた道であって、高度成長期に実現した湯沸し器

や、三種の神器(テレビ、洗濯機、冷蔵庫)の普及からみれば、衝撃はさほどとは思えない。

ただし、これらの共通点として、「衝撃」はすべて省力化に通じているといえよう。電子レンジしかりであり、洗濯機や冷蔵庫もしかりである。テレビは、居ながらにして居間が映画館に変化する。保温性下着だって、重いものをたくさん着込む必要が無くなる。

なかでも筆頭はケイタイとインターネットであろう。とにかく、字を書く必要が無い。図書館でいちいち調べる手間が省ける。親に気配りしないで友達と連絡をとることができる。例をあげるときがない。そういう私も、商売道具である本の購入や、電子部品の購入などはもっぱらネットショッピングである。たまに新宿の本屋さんや秋葉原に出かけるが、かさばるものや重いものは値段より手間と楽を選ぶようにしている。

しかし、どうしてもネットショッピングに向かないものもある。モニターやカメラなどはデータが揃っており、製品の凡その検討はつくが、人の感覚に直接訴えるものは選択にかなり迷う。例えば、食品や衣服である。とくに衣服の場合は、性、年代や仕事で好みがまったく異なることが考えられる。極端に言えば、曜日で着たい服が異なるときもあろう。この好みの違いは一体どこからくるのであろう。手触りが良い、悪いとよく言うが、これも人によって硬めの触感を好む人もいれば柔らかな感触が好きな人もいる。色や柄などは、とくにこの傾向は強いだろう。赤い柄が好きな人もいれば、まったく逆の人がいても少しもおかしくない。そして問題なのは、この表現に基準が無いことである。人によって「着心地」の尺度が違うのである。

本書でとりあげるテーマは、「人が好む衣服素材や衣服の柄をどのようにコンピュータを用いて伝達するだろうか、そしてそれを受けたときどのように対処すれば良いだろうか」を解明することである。私は心理学者ではないので、人のこころを分析することはできない。本書で試みるのは、衣服素材の特徴とそれから影響される人の印象や嗜好との関連性を、情報学的にあるいは材料学的に検討していくことである。これらは個人差があるので一般論化することはなかなか難しいと思える。しかし、ある程度客観的なアプローチができれば、ネットショッピングでは十分に伝達できなかった情報も、対応できるようになる可能性がある。

そこで本書では、衣服素材の印象と嗜好に関して、素材の材料特性と柄に照準を絞り、これらを視覚と触感から検討していく。人間の情報収集機能で最大の感覚は視覚と言われる。その全情報に占める割合は70パーセントともそれ以上とも言われている。そして触感は衣服を選択する上で大きなウェイトを占める情報である。着用する間、人は常に感覚として意識せざるを得ないという意味では視覚よりも大きいかもしれない。
　さて、最後に衣服素材がネットショッピングとして成り立つかどうか、実際にネットショッピングシステムを構築して実験を試みる。
　本書では、衣服素材である布を対象にしている。実際的なネットショッピングシステムを目指すならば、当然衣服やインテリア製品まで含めるべきであるが、それは筆者の力量を越えている。諸先生方の今後の研究に期待したい。

【注記】
本書の中で記されている企業名、ソフトウェア名・素材名などの製品名は、商標または登録商標です。

アパレル素材の印象情報処理
Contents

第1章 アパレル素材検索システム構築に向けて 9

   1.1 はじめに 9
   1.2 印象モデル 10
   1.3 サンプル 11

第2章 柄の嗜好性と嗜好モデル 15

   2.1 はじめに 15
   2.2 柄とアイテム 16
   2.3 嗜好性 17
      2.3.1 嗜好性の高い柄 17
      2.3.2 嗜好性に関与する因子 19
      2.3.3 年齢層・性のクラスター化 21
   2.4 嗜好度と嗜好モデル 23
      2.4.1 嗜好モデル 23
      2.4.2 コンジョイント分析の応用 24
      2.4.3 ドット柄の嗜好モデル 25
   2.5 第2章のまとめ 30

第3章 印象情報と検索語の設定 35

   3.1 はじめに 36
   3.2 印象情報の知覚的体制化と構成要素 39
      3.2.1 印象情報の知覚的体制化と構成部品 39
      3.2.2 構成要素とリピート 40

3.3　印象モデル・・・・・・・・・・・・・・・・・・・・・・・・・・・・・・・・・・・・・43
　　　3.3.1　多次元分割表によるドット柄の感性モデル・・・・・・・43
　　　3.3.2　ドット柄とその印象度・・・・・・・・・・・・・・・・・・・・・・46
　　　3.3.3　モデルの精度・・・・・・・・・・・・・・・・・・・・・・・・・・・・・49
　3.4　印象語の整理方法と検索語の設定・・・・・・・・・・・・・・・・・52
　　　3.4.1　検索語としての印象語・・・・・・・・・・・・・・・・・・・・・・52
　　　3.4.2　印象特性因子による検索語の設定・・・・・・・・・・・・・56
　　　3.4.3　検索語の設定実験・・・・・・・・・・・・・・・・・・・・・・・・・62
　　　3.4.4　画像のクラスター化による評価・・・・・・・・・・・・・・・68
　3.5　印象の主成分による印象モデル・・・・・・・・・・・・・・・・・・・72
　　　3.5.1　印象情報の合成・・・・・・・・・・・・・・・・・・・・・・・・・・・72
　　　3.5.2　数量化第Ⅰ類による印象モデル・・・・・・・・・・・・・・・76
　　　3.5.3　問題点・・・・・・・・・・・・・・・・・・・・・・・・・・・・・・・・・・・82
　3.6　第3章のまとめ・・・・・・・・・・・・・・・・・・・・・・・・・・・・・・・・・83

第4章　印象情報と構成要素の関係・・・・・・・・・・・・・・・・・87

　4.1　はじめに・・・・・・・・・・・・・・・・・・・・・・・・・・・・・・・・・・・・・・88
　4.2　構成要素の計測・・・・・・・・・・・・・・・・・・・・・・・・・・・・・・・・89
　　　4.2.1　構成要素と計測方法・・・・・・・・・・・・・・・・・・・・・・・89
　　　4.2.2　構成要素の計測項目・・・・・・・・・・・・・・・・・・・・・・・91
　4.3　構成要素の整理と印象情報予測モデル・・・・・・・・・・・・・96
　　　4.3.1　印象情報と構成要素・・・・・・・・・・・・・・・・・・・・・・・96
　　　4.3.2　印象度予測モデル・・・・・・・・・・・・・・・・・・・・・・・・・98
　　　4.3.3　誤差の要因・・・・・・・・・・・・・・・・・・・・・・・・・・・・・・100
　4.4　フレーム言語によるアパレル柄の表現・・・・・・・・・・・104
　　　4.4.1　言語による画像特徴の記述・・・・・・・・・・・・・・・・104
　　　4.4.2　画像のフレーム言語による表現・・・・・・・・・・・・・106
　　　4.4.3　フレーム理論による図柄の表現方法・・・・・・・・・・110

　　　　4.4.4　フレームの記述 113
　　　　4.4.5　予測 120
　　4.5　第4章のまとめ 129

第5章　印象情報予測システム 133

　　5.1　はじめに 133
　　5.2　印象語入力インタフェース 134
　　　　5.2.1　あいまい性とインタフェース 134
　　　　5.2.2　検索アルゴリズム 135
　　　　5.2.3　検索システムと検索実験 139
　　5.3　小規模単層ニューロモデル 142
　　　　5.3.1　モデルの特徴 142
　　　　5.3.2　連想記憶モデル 143
　　　　5.3.3　実験 146
　　5.4　小規模二層ニューロモデル 151
　　　　5.4.1　双方向想起型モデル 151
　　　　5.4.2　連想記憶モデルによる想起 153
　　　　5.4.3　二層連想記憶モデルによる想起実験 154
　　　　5.4.4　実験 157
　　　　5.4.5　連想記憶モデルのまとめ 160
　　5.5　ウェブ上のアパレル素材検索 161
　　　　5.5.1　ネットショッピングの課題 161
　　　　5.5.2　専門用語群と感性用語群 162
　　　　5.5.3　実験 171
　　　　5.5.4　評価 176
　　5.6　第5章のまとめ 178

第1章
アパレル素材検索システム構築[*1]に向けて

1.1 はじめに

　希望の品物を言語で表現することは、なかなか困難である。たとえば、毎日取り替えるハンカチーフ1枚を取り上げても、結構な壁に直面する。ハンカチーフの最大の機能ともいえる水分の拭き取りを表現するためには、「素早く汗や手についた水分を吸収して、肌を元通りに回復する機能を持つ素材」くらいは必要であろう。しかしこれだけではまだ不足である。「触感に優れており、拭き取る際に不自然な感覚を覚えない」ことも不可欠である。「不自然な感覚」それ自体あまり自然な表現ではないが、要するに「痛み、痒みなど」を伴わないことと言えよう。この目的に合った最大の機能をクリアすれば、あとは付随する機能を解決するば良いことになる。当然、ハンカチーフであれば「携帯性」が問われよう。コンパクトに収納可能か、あるいは容易に収納できるか、などなどである。そして最後は、「見た目」となる。「服と合致しているか」、あるいは「自分の好みの色や柄か」などであろう。

　この小さなアパレル製品ひとつとっても、その品物を正確に表現することは相当の努力を強いられる。ましてや、服となれば全体を人前に曝すため、われわれはこの何十倍もの努力が必要となる。本書で取り上げる服地を中心とするアパレル素材は、服そのものより表現力のグレードは低下するが、それでもハンカチの数倍は必要であろう。本書の目的は、この服地を表現する情報に最もふさわしい

注1　本書のアパレル素材検索システムは、アパレル素材のほかアパレル柄も含んでいる．以降，この語はアパレル柄も検索対象とする．また，アパレル柄とアパレル図柄は同じ意味で用いている．

服地を提供するコンパクトなシステムを開発することである。

　コンパクト性にこだわる理由は二つある。第一は、売り場で容易に情報を得られるようなモバイルタイプのパーソナルコンピュータでも操作可能であること。第二は、ユーザが自分でシステムを管理し操作できることである。第一の理由は、インターネットが普及した環境の実現とパーソナルコンピュータのコストパフォーマンスが大幅に向上した現在では、当然の理由だからである。しかし第二の理由は、製品アイテムが細分化して専門性の高いショップが出現している現在では、チェーン店であっても各販売店舗特有の細かな戦略が必要と考えられるからである。つまり売り上げ実績向上に向けてショップ特有の色を出すため、専門性の高い製品に対応するコンパクトなシステムが必ず必要になる。そして、これらは販売店舗自体で管理することにより、有用性の高いローカルなシステムが日々構築されていくことを可能にする。

1.2　印象モデル

　人が目的の物を探す場合に使用する感覚は、いわゆる五感のうちのいくつかを用いている。食べ物であれば味覚と嗅覚が重要視されよう。ここで対象とする服地では、視覚と触覚が主体となる。本書では、消費者がこの二つの感覚を用いて日常普通に用いる表現で目的物を表現する最適な伝達方法を検討する。重要なことは、専門家が専門的用語を用いて高度なスキルが必要とされるシステムで目的の製品を探索することではない。販売店舗でアルバイトする人や消費者のような普通の人々が普段の表現で、容易に目的物を検索するインタフェースとアルゴリズムを検討することにある。

　システムの検証を行うため、この視覚や触覚から得られた印象情報を基に、目的の製品である服地を再現する。あるいは逆に製品の情報からその製品の印象情報を探っていく「印象モデル」を作る。

　方法は二つである。一つ目は、ニューロネットワークモデルを用いて、印象などの入力情報から、記憶した情報を想起する手法である。ニューロネットワークモデルは多くのモデルが提案されている[注2]が、本書では情報を記憶する自己組織

注2　ネットワーク関係の文献については第4章を参照されたい．

化ネットワークモデルを用いて議論する。

　二つ目は、服地購入のための実際的なシステムを構築して検証を行う。これは、消費者がネット上で服地を購入する場合を想定している。現在のネット通販の主流は、販売者から提供された情報を受け取って、商品を選択する方式が多い。この利点は、販売者側にとっては、商品販売に有利な情報を多く伝達することができる。消費者側からは、オプションとして商品の特徴などを選択できるが、自分で商品を探していく手間が省ける利点がある。しかしファッション製品のように、商品の種類が豊富で個性的な特色を出したいアイテムでは、望みの商品を最大限満足してくれるシステムが望まれる。これには、誰もが日常の言葉で日常のやり方で買い物ができるインタフェースが必要である。そこで本書では、消費者が普段履きでネットショッピングができる服地検索システムを紹介する。そして目的製品のヒット割合や、インタフェースの是非について検証した結果を説明する。

　ただし、大きな問題がある。それは人が物から受け取る印象である。人の感覚は各人各様である。それは、年齢や性ばかりではなく、育った環境や生活習慣、あるいは地域で違いがある。本書では、このさまざまな環境で生活する人々にたいして実験を行ったわけではない。サンプルを選んで、統計的にあるいは経験的に論じている点はご容赦願いたい。

1.3　サンプル

　消費者が品物を購入する場合はいくつかの条件を設定する。そしてこれらの条件をクリアした品物だけが購入される。その条件とは、値段やサイズ、柄や素材、あるいは機能であろう。さらに消費者の生活状況により、これらの優先順位は異なる。本書では、この条件のうち比較的消費者共通の内容である服地柄の印象とその素材の触感に焦点を絞っている。その理由として、価格は消費者の所得による差が大きく、機能性は購入目的で左右されるからである。ただし機能性については、ネットモデル構築ではオプションとして処理可能である[*3]。その点、服地柄の印象と触感は消費者共通の購入ハードルであり、所得や購入目的による違いが少ない。一方柄と触感は極めて多様なため、これらを正確に把握し、評価する

注3　機能性の組み込みについては，第5章を参照されたい．

ことは難しい。加えて製品が余りにも多いため、柄や触感を表現する方法や正しく伝達する方法を見つけなければならない。

　柄は、生地の色と柄の色から成る。柄自体がプリントされている服地もあれば糸染めの服地もある。最も単純な日の丸をあげても、円が赤のプリント1色で地が白の2色使いである。これを地と柄を入れ替えれば2種類の日の丸ができる。この使用色に1色加えて3色とした場合は、6種類、さらに1色増加すると12種類に急増していく。実際に製造工程で使用する色は途方もない色数になるので、日の丸といっても無数の種類が作れることになる。もっとも、白地に赤以外は日の丸とは言わないのであるが。

　本書では、このような無限の色や柄を取り上げても不可能であるから、服地で最も多用され消費者から長年に渡って購入されてきた伝統的な三柄を中心にして検討していく。それらはドット（水玉）、チェック、ストライプである。それらの配色は、微妙な色使いの違いを観察するわけではないから、日常色鉛筆や絵の具で用いるような色を使っている。

　対象としたサンプルは、実際に市場に出ている織物や編み物のアパレル素材や、コンピュータグラフィックスによる画像である。またコンピュータグラフィックスによる三柄に関しては、基本的な知見を得る意味で色の影響を排除したモノクロ画像に関しても検討を加えている。

　柄は触感と比べて嗜好の差が大きな項目であろう。「印象モデル」では、この消費者の嗜好傾向が無視できないと考えて、柄と嗜好の関係についても第2章で取り上げている。

　本書の内容の大半は、勤務先である相模女子大学で行ってきた研究結果を基にしている。

　服地のようなアパレル素材とその図柄を対象とした印象情報と触感を用いて、印象モデルと素材検索システムを構築するためのいくつかのアプローチを記述してある。服地の研究は、これまで多くの諸先生方が貴重な研究成果を発表されている。本書では、こられから特に服地の表現に関連性の高い「風合い」や「物理的特徴」と「テキスタイルデザイン」の成果を参考にさせていただいた。また、素材を表現した情報からその服地を再現するモデルは、連想記憶モデルを中心に展開している。これらのモデルの研究も、多くの研究結果を参考にさせていただい

た[*4]。

　アパレルや繊維業界に携わる人以外の消費者は、服を購入する場合、さまざまな表現を用いて製品を選択している。それらは必ずしも消費者と販売者で正確に伝わっているとは限らない。本書では、このあいまいなコミュニケーションを前提にして、消費者が目的の製品を購入するための「印象モデル」構築に至る経過報告の意味合いもある。このモデル構築に際して最初に気がかりであったことは、消費者が品物を購入するとき基本的な好みの柄の存在であった。もし存在するならば、ターゲットである消費者別にアイテムの企画を絞り込むことが可能になる。したがって、モデルに用いる服地柄も同様に絞り込むことができるのでシステムのコンパクト化が可能になる。そこで次章では、モノクロのストライプ柄に関して、消費者の嗜好傾向を探っていく。

注4　参考文献については，内容が対応する章を参照されたい．

第2章
柄の嗜好性と嗜好モデル

　消費者が目的の服地を見つける場合、嗜好性の高い柄であってもアイテムによっては低くなることは日常の経験で予想できる。そこでアイテムと嗜好の関係を年齢層、性別で明らかにし、それらの結果を「印象モデル」に反映させるためにモノクロストライプのボーダー柄を用いて嗜好の因子を検討した[1]。対象とするアイテムは、ストライプ柄が多用されているネクタイ、Tシャツである。これらのアイテムにはストライプ柄が数多く用いられているので、サンプルの評価者も製品イメージを抱きやすい。またこの他に、基本的な好みのストライプ柄を知るため、アイテムを考慮しない柄を検討した。これは基本柄と名づけている。そしてそれらの柄について、アイテム別にクラスター分析を行い年齢層や性による嗜好性の相違を確認した。
　また、嗜好性を具体的にマーケットに活用するには量的な表現が便利である。そこで嗜好度の設定に向けて、ドット柄について柄を構成する要素と嗜好性の関係を検討した結果を説明する。

2.1　はじめに

　テキスタイルデザイナーがアパレル製品の企画段階において柄を創作するとき、アイテムの対象世代層を念頭に置き、消費者の嗜好する柄を予想しながら制作する。しかしその場合、柄と対象世代層の消費者の好みについては、デザイナーの主観に依存する部分が多く、実証的資料は余り検討されていない。
　世代との関連を考慮しなければ、色と感覚との関係を検討した報告として日本色彩研究所が詳細に分析した資料[2]がある。また橋本らは、色彩の嗜好とファッション意識との関係について報告している[3]。テキスタイル柄と感性との連関

を分析した報告では、吉岡はストライプ柄の着物やワンピースの感じかたをSD法により数値化し、因子分析を用いて潜在構造分析した結果を報告している [4] [5]。一方加藤らは、幾何模様や縞柄ワンピースの配色によるイメージ効果を報告している [6] [7] [8]。

このように嗜好に関する調査・研究は、多くの研究者が取り組んできた。そこで本章では、これらの貴重な研究成果を参考にして、「印象モデル」に必要な、製品企画サイドからみた「消費者の柄に対する嗜好性」に取り組んでみよう。

さて柄に対する嗜好性は、常に同じとは限らない。アイテムによって異なるだろうし、その時代の流行色や柄により左右される。また消費者全体が同一の傾向を示すのではなく、そこには共通的要素以外に年齢、性、習慣、職業などの諸要因が関与するはずである。マーケティングサイドからみれば、年齢層や性別で嗜好性を塗り分けることができれば有益な情報となりうる。

本章ではテキスタイルデザイナーのストライプ柄の製品企画を想定して、アイテム毎に消費者の柄に対する「嗜好性」について検討してみよう。対象年齢層は、10代から50代の男女である。

2.2 柄とアイテム

柄は、アパレル製品に広く用いられテキスタイル柄の定番ともいえるモノクロのストライプ柄である。

アイテムとしては余り流行に左右されず一般的にストライプ柄が浸透しているTシャツとネクタイを選定した。また、アイテムに左右されない基本的嗜好を知るため、アイテム以外の「基本」を設定したことは既に述べた。

評価者に提示したストライプ柄は、白地ケント紙を製品のネクタイ、Tシャツの大きさにカットして、それらに黒場のストライプ幅を印刷した。ネクタイは長さ48cm、大剣幅7.5cm、小剣幅4.5cmにカットして、斜め45度ストライプを印刷した。Tシャツケント紙を市販紳士物Tシャツ普通サイズ相当品の大きさにカットして、横ストライプを印刷した。

これら3種類のストライプ柄を白場と黒場の幅を変えて各種49種類、合計147種のサンプルを作った。そして10才代から50才代の東京近郊に在学、在勤、在

住する各年代の男女 10 名（計 100 名）が嗜好を評価した。

柄の黒場、白場の幅を**表** *2-1* に示す。

表 2-1　柄の構成-黒場、白場の幅（cm）

番号	黒場	白場	番号	黒場	白場	番号	黒場	白場
1	0.1	0.1	18	2.0	0.5	35	2.0	3.0
2	0.1	0.5	19	0.5	3.0	36	3.0	2.0
3	0.5	0.1	20	3.0	0.5	37	2.0	4.0
4	0.1	1.0	21	0.5	4.0	38	4.0	2.0
5	1.0	0.1	22	4.0	0.5	39	2.0	5.0
6	0.1	2.0	23	0.5	5.0	40	5.0	2.0
7	2.0	0.1	24	5.0	1.0	41	3.0	3.0
8	0.1	3.0	25	1.0	1.0	42	3.0	4.0
9	3.0	0.1	26	1.0	2.0	43	4.0	3.0
10	0.1	4.0	27	2.0	1.0	44	3.0	5.0
11	4.0	0.1	28	1.0	3.0	45	5.0	3.0
12	0.1	5.0	29	3.0	1.0	46	4.0	4.0
13	5.0	0.1	30	1.0	4.0	47	4.0	5.0
14	0.5	0.5	31	4.0	1.0	48	5.0	4.0
15	0.5	1.0	32	1.0	5.0	49	5.0	5.0
16	1.0	0.5	33	5.0	1.0			
17	0.5	2.0	34	2.0	2.0			

2.3　嗜好性

2.3.1　嗜好性の高い柄

　評価者が選択した試料について、1 番目に選んだ場合は 3、2 番目には 2、3 番目には 1 のポイントを与えた（選択しなければ 0）。ポイント値が高いほど嗜好性が高いとみなし、これを柄の嗜好性を表す得点として各試料の得点の総計を求めた。その結果、基本では黒場または白場が 0.1 か 0.5cm の極細幅と他方が 1 または 2cm 幅の組合せが多かった（**図** *2-1* 参照）。

　ネクタイの場合で、最多得点の試料が基本と同じ試料番号 5 であった。しかし基本よりやや細いストライプ柄も多く選択された（**図** *2-2* 参照）。全体的な印象としては、日本人好みの「無難」な柄が好まれている。

　T シャツでは、基本またはネクタイと同様の極細幅と他方が 1 または 2cm 幅の組合せが好まれているが、黒場が 4cm 幅のように太めの柄も選択されているのが

特徴である（**図 2-3 参照**）。上位 3 サンプルは、ネクタイと比較すると「はっきり」した印象が好まれている。

　T シャツとネクタイ共通の柄は、「基本」と比較して黒場が中心となるサンプルが多く選ばれていることが分かる。そしてその幅は、T シャツがネクタイよりも広い。

　T シャツとネクタイ共通の柄は、「基本」と比較して黒場が中心となるサンプルが多く選ばれていることが分かる。そしてその幅は、T シャツがネクタイよりも広い。

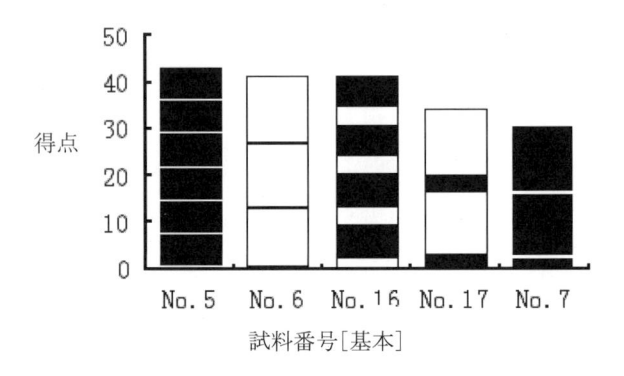

図 2-1　嗜好性の高いサンプル（基本）

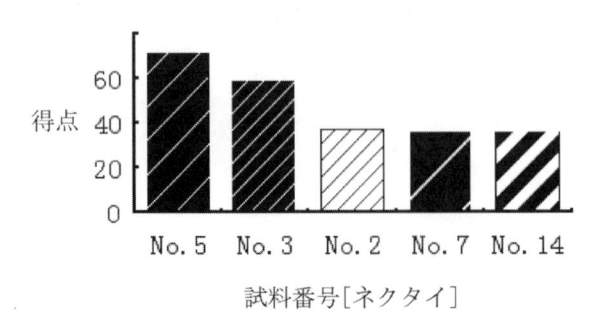

図 2-2　嗜好性の高いサンプル（ネクタイ）

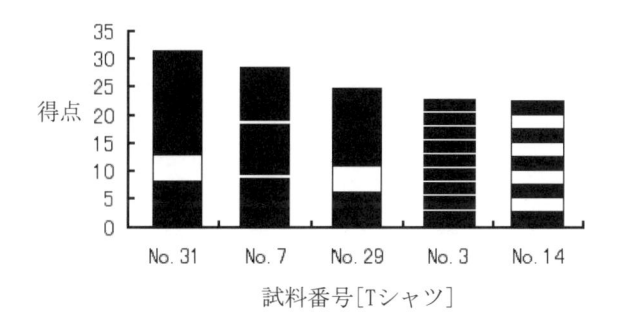

図 2-3　嗜好性の高いサンプル（Tシャツ）

2.3.2　嗜好性に関与する因子

　柄の嗜好性を決定する基準は多元的であり、評価者の年齢層や性がこれらを決める因子に少なからず影響を与えていることは考えられる。また企画サイドとしては、消費者の年齢や性と柄の嗜好性の関係を知り得ることは、製品開発の大きな参考になる。

　そこで、評価者をグループ化して嗜好性の変動に関与する因子を求めるためアイテムごとに因子分析を行った。分類は単純に年代と性別で 10 グループに分けている。グループの構成員は各 10 名である。グループ構成を **表 2-2** に示す。

表 2-2　評価者のグループ

グループ	年齢層・性	グループ	年齢層・性
A	１０代、男性	F	３０代、女性
B	１０代、女性	G	４０代、男性
C	２０代、男性	H	４０代、女性
D	２０代、女性	I	５０代、男性
E	３０代、男性	J	５０代、女性

　つぎに主な因子について、それぞれの柄の特徴と年齢層や性別との関係について検討しよう。

　因子負荷行列の推定は、これら 10 のグループが選択した 49 種の柄の得点から、各グループ間の標本相関行列を求め、アイテムごとに主因子法で行った。共通性の推定は、それぞれの変数と他の変数との相関係数の絶対値最大の値を用いた。因子数は、得られた相関行列固有値で 1.0 より大きい因子を選んだ。また推定された因子負荷行列の解釈が困難な場合は、因子軸の回転（バリマックス回転）を

第 2 章 柄の嗜好性と嗜好モデル

行った。なお、この分析は年代・性グループ間の因子抽出のため、グループの因子負荷量を求めている点に注意されたい。

その結果「基本」の第 1 因子において、30 代以上の男女の因子負荷量が大きいので、30 代から中高年齢層にかけての嗜好性を表すと考えられる因子が抽出された。

「ネクタイ」の第 1 因子において、30,40,50 代の女性を中心に因子負荷量が大きいので、主として 30 代以上の女性を中心とした嗜好性を表すと考える因子が抽出された。T シャツは、明確に性と年齢層と嗜好性の潜在的な関連性を示す結果は得られなかった。

以上の結果から、「基本」と 1 つのアイテムに年代・性の潜在的因子の存在が考えられるため、それらのアイテムごとに図柄の因子得点を求めて因子との関連を検討しよう。

「基本」の結果を図 2-4 に示す。「ネクタイ」の結果を図 2-5 に示す[1]。

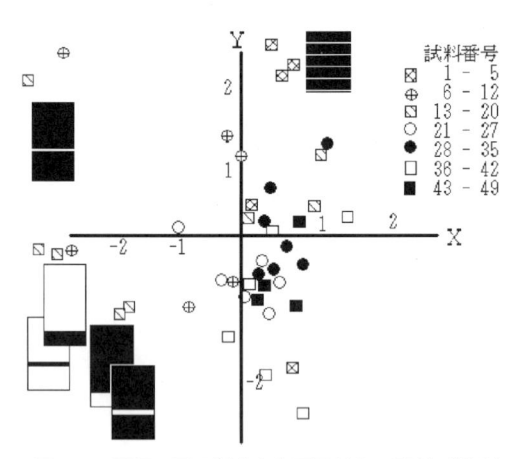

図 2-4　図柄の因子得点と各因子軸との関係（基本）

図 2-4 より、30 代以上の男女は、白場と黒場のストライプ幅に差がある柄は好まない傾向を示している。

図 2-5 では、30 代以上の女性は、細い白のストライプ柄のネクタイを好む傾向を示している。

注 1　両図において、X 軸は第一因子、Y 軸は第二因子である。

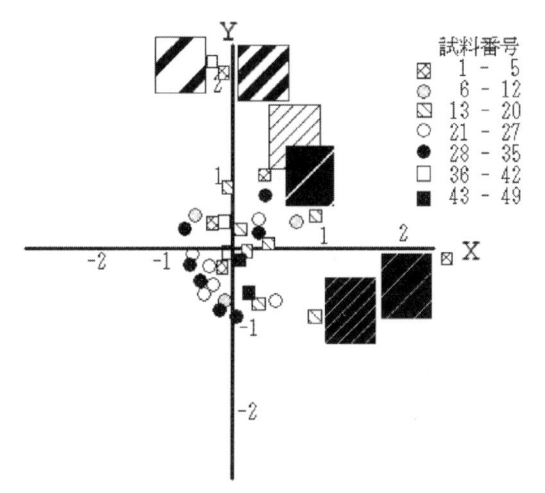

図 2-5　図柄の因子得点と各因子軸との関係（ネクタイ）

2.3.3　年齢層・性のクラスター化

　因子分析の結果から、「基本」と「ネクタイ」のアイテムで柄の嗜好性に関与する因子として年齢層・性のグループが考えられる。製品企画において、嗜好性別にターゲット層の年齢、性がグループ化できれば、マーケット戦略上重要な情報となる。そこで、各グループの嗜好性を明確化するため、各グループが選択した各柄の嗜好の合計得点についてクラスター分析を行い、嗜好性による年齢層・性のクラスター化を検討した。

　分析方法は、個体間の非類似度としてユークリッド平方距離を用い、最短距離法、最長距離法、郡平均法で処理したあと総合的に判断した。これらのうち年代・性の嗜好関連因子が抽出された「基本」と「ネクタイ」のデンドログラムを図2-6と図2-7に示す。

　図2-6より、「基本」柄に関しては、30代男性（E）と40代女性（H）が近く、また50代の男女（I, J）が近い。年齢が近似したグループは近い距離にあり、似たような嗜好傾向を持つことが考えられる。一方、20代女性（D）と40代男性（G）が近く、必ずしも全グループが同じ嗜好傾向ではない。

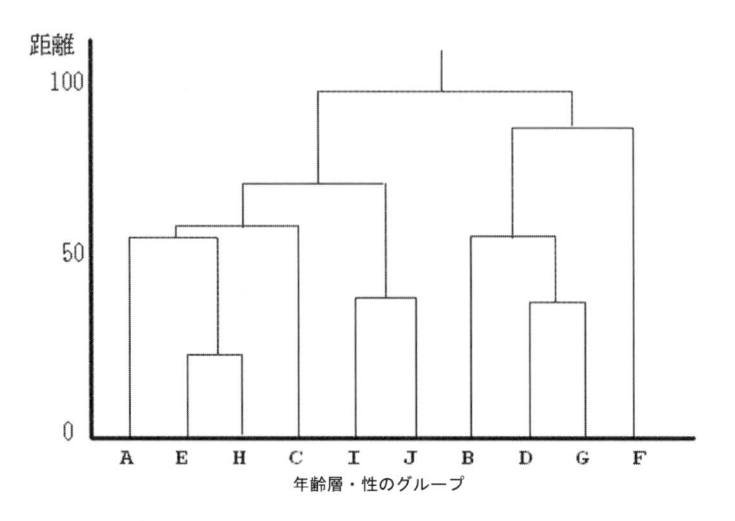

図2-6 嗜好性による年齢層・性のクラスター（基本）

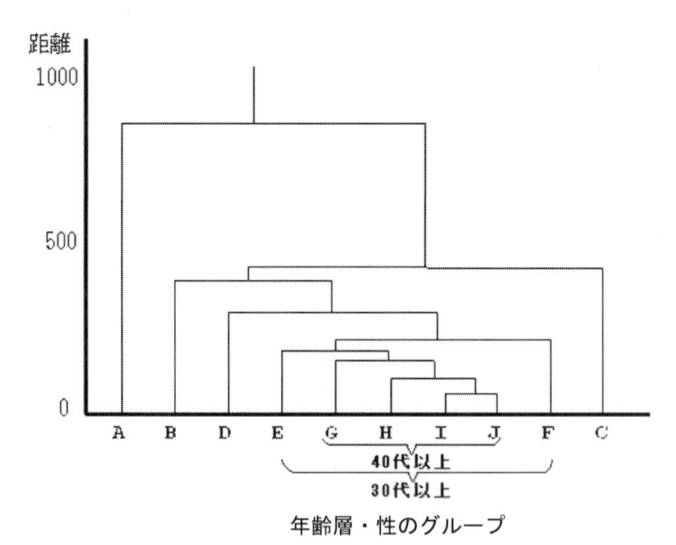

図2-7 嗜好性による年齢層・性のクラスター（ネクタイ）

図2-7より、「ネクタイ」柄に関しては、50代男女（I、J）が近く、クラスターを形成する。またこのクラスターに30代男性（E）と40代男女（G、H）が近く、次いで30代女性（F）が近いので、30代以上の世代は嗜好性が近いいことを示し

ている。この結果は、因子分析で30代以上の女性を中心とした嗜好性を表す因子が抽出された結果と照らし合わせると、30代以上の世代はネクタイでは無難な柄を好む傾向が伺える。面白いのは10代男性（A）である。ひとつだけ他のグループから離れており、異なる嗜好性を示している。

2.4 嗜好度と嗜好モデル

前節の結果よりアイテムによっては消費者層のグループ化が可能になったので、企画したアパレル柄からターゲットとなる消費者層の嗜好性が分かれば、素材検索システムに組込むことも可能になる。そこで本節では、図柄を構成する構成要素[*2]を用いて消費者の柄嗜好の程度（嗜好度）を予測するモデルを検討してみよう。対象とする柄はモノクロのドット柄である。最後にモデルとその構築手法の有用性を確認するため、評価試験を行った結果を示す。

2.4.1 嗜好モデル

さまざまな商品のマーケティング分野において、消費者嗜好の数量化に関する試みが報告されている。たとえば食料品分野では、嗜好との関連についてリジッド分析により定量的に解析した報告がある［9］［10］。

アパレル商品企画においては、デザイン画について伊東らはエントロピモデルを用いて解析した例を報告している［11］。また、アパレル製品の消費者嗜好を定量化する方法として、筆者らはチェック柄を用いて嗜好度（DP）を式（2-1）で定義し、系列間隔法との相関性と、図柄の特徴である複雑度との関連性について報告している［12］。

注2　本書では、構成要素を以下のように定義する。
「構成要素とは、図形を構成する全ての要素であり、属性を伴う点、線、面は構成要素である。属性とは、色、形状、位置、向き、個数である。またそれらの組合せから生ずる配置形態、あるいは表現される領域を示す物理量も含む。」
なお、具体的な内容については第3章以降にて詳細に述べる。

$$DP = \sum_{i=1}^{n} Pfi\nu i \qquad (2\text{-}1)$$

ただし, Pfi ; 嗜好傾向の各段階の頻度割合平均
　　　　νi ; 嗜好傾向の各段階のウエイト
　　　　n ; 格付け法による段階数

　本節ではこれらの報告を参考にして、嗜好の程度(レベル)と柄との関連を検討してみよう。

　嗜好性は高次の感性情報と考えられるので[13]、前節の結果から年齢層や性別により異なるし、同一柄であっても適用するアイテムで変わる可能性があった。また製品化されていた場合は、触感や機能性などの特性も嗜好性に関与するはずである。本節では、嗜好性を数量化するモデル(以下、嗜好モデル)を構築するにあたり、嗜好性に影響を与える要因として、消費者属性と、製品属性の2方向からアプローチを試みる。そして、それら2つの要因のレベルと嗜好性との関連について議論しよう。前者の消費者属性は、前節の結果を受けて年齢層と性の要因を割り当てる。後者の製品要因は、柄の構成要素を割り当てる。

2.4.2　コンジョイント分析の応用

　マーケティングにおいて、消費者嗜好の有効な分析方法としてGreenらによるコンジョイント分析がしばしば応用される[14]。

　コンジョイント分析は対象の効用を、製品属性各レベルの効用(部分効用)の和で表現する方法である。この手法の利点は、部分効用を対象の効用に対するそのレベルの寄与の程度とみなすことができる点である[15]。各製品属性レベルの部分効用を検討することにより、容易に対象の効用に影響する属性レベルを変更して、最適なモデルに近づけることできる。つまり消費者が製品を購入する場合、そのデザインや機能を他の製品とのトレードオフにより、数量的に決定していくプロセスを分析することができる。

　本書で取り扱うアパレル柄では、その構成要素は視覚的な製品特徴であり、コンジョイント分析では製品属性に相当する。また嗜好性の評価は、対象の効用に

相当する。そこで構成要素を製品属性に割り付け、式（2-2）の嗜好度[*3]を対象の効用とみなす。そして構成要素のレベルを変えることにより、適切な嗜好モデルを構築していけばよい。すなわち嗜好性についても、他の感性情報と同様ボトムアップ型の知覚プロセスを適用し、図形特徴である構成要素から受ける嗜好に関する部分効用が集積されて、全体の効用に至ると仮定する。

製品属性である構成要素 t のレベル u の部分効用を wtu とする。このとき、対象の効用 $wjk\cdots.p$ は、式（2-2）で定義される [15]。

$$wjk....p = w1j + w2k + ... wpm \qquad (2-2)$$

ただし, $w1j$；構成要素 1 のレベルが j の部分効用.
同様に, $w2k$；構成要素 2 のレベルが k の部分効用.
同様に, wpm；構成要素 p のレベルが m の部分効用.

具体的には、嗜好性が大きい（小さい）ほど $wjk\cdots.p$ が大きく（小さく）なるように、$w1j$, $w2k$,,,, wpm を決定すれば良い。

さらに、一般的にこの手法は製品以外の要因は考慮していないので、他の条件は一定の仮定でモデルが構築される。しかし図柄の嗜好性は前節のストライプ柄の嗜好性で明らかなように、消費者属性により異なることが予想される。そこで、これらの要因の差から生じる嗜好性を分析するため、消費者（被験者）をセグメント化したり、クラスター化する手法が提案されている [16] [17] [18]。また、消費者属性や使用条件に関する因子を外側に割付る手法 [19] も提案されている。本章では、2-2 節の結果に基づいて、因子分析により嗜好に関する消費者の行動要因分析を行い、年齢層と性でグループ化して、コンジョイント分析を適用する。

2.4.3 ドット柄の嗜好モデル

本項ではドット柄の嗜好性について、前項にしたがってコンジョイント分析を適用した結果を説明する。まず消費者属性のグループ化について述べ、つぎにコンジョイント分析による嗜好モデルを述べる。

注3 本節では、vi(嗜好傾向の各段階のウエイト) は 1 に設定した。

(1) 消費者属性

コンジョイント分析を行うにあたり、消費者（以下、この項では評価者）を属性別にグループ化するため、2-2節のストライプ柄の方法に従いアンケート調査を行った。その結果、4つの因子が得られた。つぎに、年代、性別に因子スコアと因子との関係を検討した。その結果、10,20代女性と10,20代男性のグループは他と異なる嗜好傾向の分布であった。また、30,40,50代の男女は近似した分布であるが、分布範囲にやや差がみられた。したがって、男女別、年齢別に評価者の属性を分けるほうが適切であると考えた。

グループ化した結果を表2-3に示す。また図2-8に、グループ別の因子スコアと因子1と2の関係を示す。グループ毎に嗜好傾向が違うことが分かる。

表2-3　グループ化した回答者

グループ番号	年齢（代）	性
I	10,20	男性
II	10,20	女性
III	30,40,50	男性
IV	30,40,50	女性

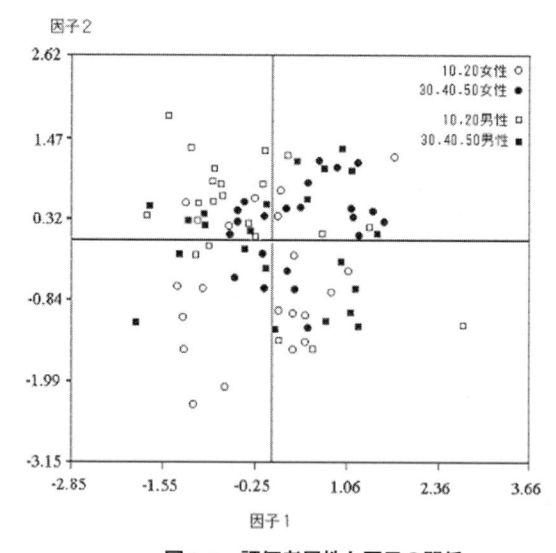

図2-8　評価者属性と因子の関係

(2) コンジョイント分析

a. ドット柄の特徴と属性

分析に用いたドット柄は、半径、ドット間距離、場の色を組み合わせた合計45種類のモノクロ図柄である。仕様を表2-4に示す。

属性は、構成要素の組合せをカテゴリ化してコンジョイント分析した結果、最適な属性として4レベル、2種の組合せ[*4]を選択した。それらを表2-5に示す。

表2-4 分析に用いたドット柄

構成要素	内容
半径 (r)	0.5 〜 15.0 mm
ドット間距離 (d)	2.0 〜 50.0 mm
場の色	白または黒

表2-5 最終的に分析に用いた図柄の属性とレベル

属性	I	II	III	IV
r	≦ 1.0	≦ 2.5	≦ 4.0	>4.0
d^2/r	≦ 41	≦ 98	≦ 225	>225

b. 分析結果

分析に際して、初期の部分効用値の設定は合理的手法[15]で行った。効用値と嗜好度（入力データ）との代表的な関係について、グループII、グループIIIの出力例を図2-9、図2-10に示す。

c. 性、年齢による部分効用値の相違

性の違いによる、部分効用値を図2-11 (r)、図2-12 (d^2/r) に示す。年齢の違いによる、部分効用値を図2-13 (r)、図2-14 (d^2/r) に示す。

4つのグループについてコンジョイント分析を行った結果、ストレスは0.442〜0.532であり、平均は0.477であった。また、男女別に年齢をプールした結果は、0.443, 0.459であった。ストレスの大きさは属性の個数やレベルにもよるが、0.5以下[15]であるから単調増加性は損なわれていないと考える。

注4　rはドット柄の大きさを示す。またd^2/rは、柄の混み具合（密度を示す）

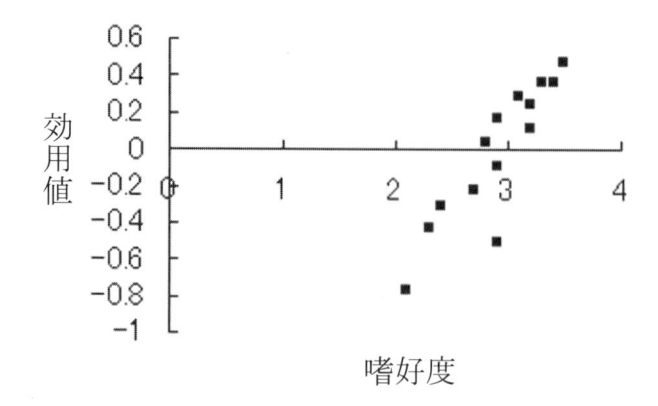

図2-9　**嗜好度と効用値の関係（グループⅡ：10,20,代女性 ストレス＝0.44）**

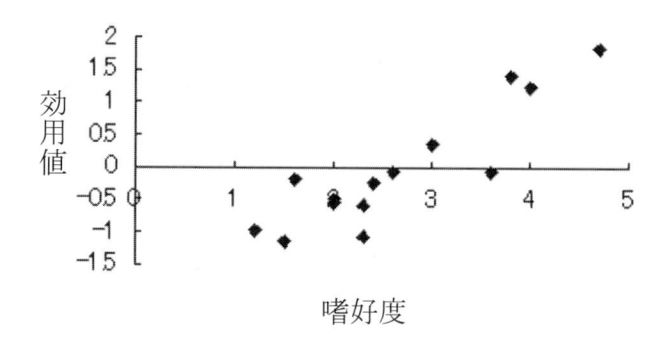

図2-10　**嗜好度と効用値の関係（グループⅢ：30,40,50代男性 ストレス＝0.44）**

　グループⅡ（10、20代女性）の散布図（図2-9）では、効用値の増加と嗜好度の関係は比較的良好な単調増加関係を示す。つまりこの年代の女性は、嗜好度の差にかかわらず、図柄の嗜好傾向が分かりやすい。好き、嫌いがはっきりしているとも思える。

　次に男性を観察してみる。図2-10より、グループⅢ（30代以上男性）では、低い嗜好度で単調増加が損なわれていることから、ストレスの多くがこの部分に集中すると推察できる。つまり、グループⅢの回答者層については、低い嗜好度

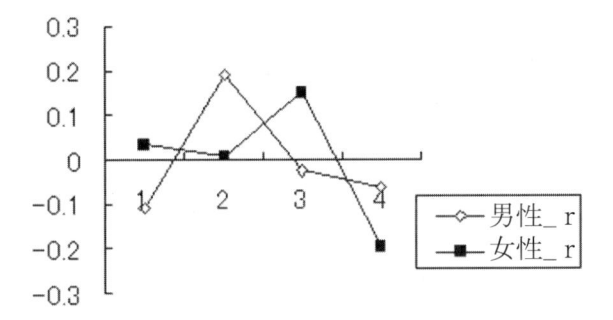

図 2-11　性別の相違による部分効用値の差-r

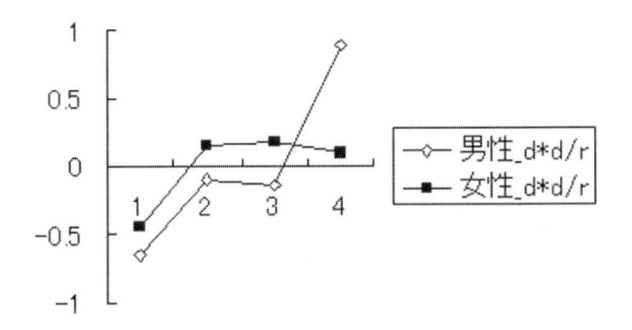

図 2-12　性別の相違による部分効用値の差-d2r

の図柄の傾向が分かりにくいことを意味する。

　性別による部分効用の相違に関しては、図 2-11 より、嗜好に関与する柄のドットの大きさ（r）は、男女間で異なる。男性では女性よりもやや小柄を好むことを示している。しかし、逆に大柄では女性のほうが好まない傾向が強い。

　つぎにドットの配置密度と男女の嗜好性の違いをみよう。図 2-12 より、d^2/r は、レベル 1,2,3 では男女とも同じ挙動を示す。しかし d^2/r が大きい（柄が混んでいない）場合は、男性の嗜好に強く影響するが、女性への影響はほとんど無い。

　年齢差（女性）の相違については、図 2-13、図 2-14 より r のレベル 3 と d^2/r/r のレベル 4 に相違がみられるが、それ以外のレベルでは類似した傾向を示す。したがって、年齢層が異なる女性物のデザインの注意点は、ドット密度の低い柄ではないだろうか。

第 2 章　柄の嗜好性と嗜好モデル

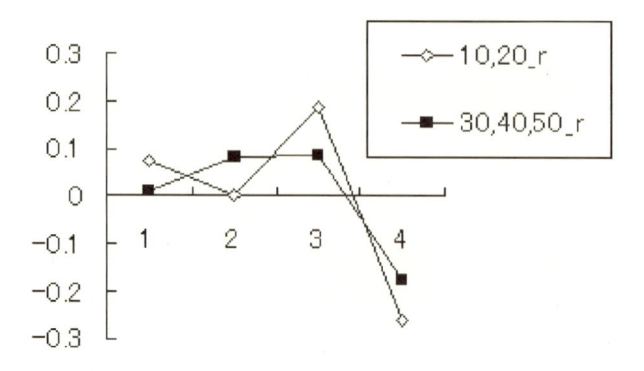

図 2-13　年齢の相違による部分効用値の差-r

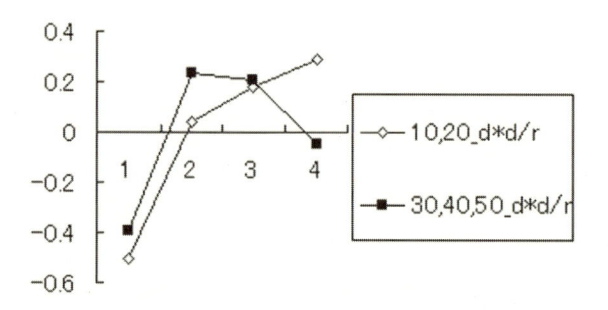

図 2-14　年齢の相違による部分効用値の差 d2/r（女性）

2.5　第 2 章のまとめ

　本章では、嗜好性を定量的に予測する嗜好モデルを構築するため、モノクロストライプを取り上げてクラスター分析を行い、10 代から 50 代の年齢層の嗜好性を性と年齢層でグループ化できることを示した。

　まず 49 種類のストライプ柄について、アイテム別に評価者 100 名を対象にして嗜好性に関与する性と年齢層の影響について検討した。その結果、以下のことが分かった。

（1）好まれる柄はアイテム毎に異なり、ネクタイでは基本より狭い幅の柄が選択

された。一方 T シャツでは、基本やネクタイ程特徴ある傾向は無く、多様な柄が選択された。
(2) 好きな柄について、性・年齢層のグループを変数として、因子分析した結果、基本では 30 代以上の世代層の嗜好性を代表する因子や、比較的若い世代の嗜好性を表す因子が抽出された。ネクタイでは主に 30 代以上の女性の嗜好性を表す因子が抽出されたが、その他の因子の明確な特徴は不明であった。T シャツでは、特定の性・年齢層のグループの負荷量が大きく、嗜好性が性・年齢層で多様であることが分かった。
(3) これらの抽出された因子とストライプの柄との関連について、基本とネクタイについて検討した。30 代以上の男女に好まれる基本柄は、白場あるいは黒場幅が 2〜3cm と 0.1〜0.5cm の極細幅の組合せであった。また、主に 30 代以上の女性が好むネクタイの代表柄は、白い極細幅であった。
(4) 以上の結果を基にアイテムごとに性・年齢層のクラスター化を行った結果、基本とネクタイでは 30 代以上の年齢層のグループがクラスターを形成し、若年層とは異なる嗜好傾向が考えられた。

　嗜好性は、個人の経験や知識に依存する評価情報と考えられるので、個人間の差が大きく、印象のような重回帰を中心とする線形モデルでは適切な予測が難しい。そこで、クラスター分析結果を基に、回答者（消費者）層を嗜好性によりグループ化して、各グループについてコンジョイント分析を当てはめた。
　構成要素を属性として、それらを数種のレベルにカテゴリ化した。嗜好度を対象の効用としてドット柄について検討した結果、平均ストレスは 0.5 以下であり、モデルの単調増加性は確認された。
　性別、年齢別に分析した結果、ドット柄の嗜好性に与える構成要素の影響が数量化されるので、視覚的に確認できる。したがって新しい柄の製品企画の際には、嗜好モデルを構築することで、消費者の対象年齢層や男女別に嗜好性のシミュレーションを行ってはどうだろうか。

第 2 章 柄の嗜好性と嗜好モデル

第 2 章参考文献

［1］石井眞人、神宮寺勝紀 "ストライプ柄の嗜好性について"、日本繊維製品消費科学 Vol.35、No.9、(1994) 45-50

［2］(財) 日本流行色協会編 "色のイメージ事典"、(1991)

［3］橋本令子、加藤雪枝、椙山藤子 "色彩嗜好とファッション意識との関連性"繊維製品消費科学会誌,Vol.26,No.7, (1985) 295-301

［4］吉岡徹 "被服における図柄のイメージ"、日本家政学会誌 Vol.36,(1985)793

［5］吉岡徹 "縞幅の違いにおける色彩のイメージ計量"、日本衣服学会誌、Vol.32、No.1,(1988) 31-39

［6］川合直子、加藤雪枝、椙山藤子 "幾何模様における配色のイメージ効果"、日本繊維製品消費科学会誌、Vol.24、(1983) 492

［7］Yukie Kato "Effective Factors for the Impression of Three-Color Design", *Journal of Home Econ. of Japan*,Vol.46 N0.3(1995) 249-259

［8］加藤雪枝、椙山藤子 "被服における縞柄の配色効果"、日本繊維製品消費科学 Vol.25、(1984)167

［9］D.J.Best "Consumer data-statistical tests for differences in dispersion ",*Food Quality and Preference* Vol.6, (1995)221-225

［10］N.Pouplard,E.M.Quanner and S.Simmon "Use of Rigit analysis Categorical data in Preference studies", *Food Quality and Preference* Vol.6, (1995)419-442

［11］伊東郁男、藤田公子、米原紀吉、"エントロピモデルによるファッションの嗜好度評価"、人間工学、Vol.23,No.1、(1987)1-6

［12］石井眞人、近藤邦雄 "チェック柄の嗜好度と嗜好特性の分析"、繊維製品消費科学、Vol.17,No.12、(1996) 32-38

［13］松山隆司 "代数的制約記述に基づく感性情報の表現と処理"、グラフィックスと CAD、情報処理学会、(1994)70 − 9

［14］Paul E.Green and V.Srinivasan "Conjoint Analysis in Consumer Research", *Journal of Consumer Research*,Vol5, (1978) 103-123

［15］岡田彬訓、今泉忠、"多次元尺度構成法"、共立出版、(1994)103-105

［16］W.L.Moore "Levels of Aggregation in Conjoint Analysis:An Empirical Comparison", *Journal of Marketing Reseaerch*,Vol.17, (1980)516-523

[17] Imran.S.Currim "Using Segmentation Approaches for Better Prediction and Understanding from Consumer Mode Choice Model", *Journal of Marketing Reseaerch*,Vol.20, (1983)29-33

[18] Michael R. Hagerty "Improving the Predictive Power of Conjoint Analysis: The Use of Factor Analysis and Cluster Analysis",*Journal of Marketing Reseaerch*,Vol.22, (1985)168-184

[19] 鈴木秀男、クンティダ・テーチャワラスィンサグン、圓川隆夫 "外側配置を導入したコンジョイント分析とその商品企画への応用"、日本経営工学会論文誌, Vol.47,No.4、(1996)257-264

第3章
印象情報と検索語の設定

　前章では、モノクロアパレル柄の嗜好性について述べた。そして検索システムを構築するにあたって必要な、消費者属性と柄の嗜好性の関連情報を得ることができた。本章でもモノクロ柄について検討を続ける。モノクロ柄で議論する理由は、画像の印象は色からひきつけられる人、形からひきつけられる人そして両方からの人など様々である。そして、これらの人の性格との関連付けも報告されている。また、色に関しては好みの色と性格との関連性も報告されている [1]。たとえば、"白が好き-誠実"である。それほどに画像の印象には色彩が影響を与えるわけだから、図柄の情報の収集には色の影響が少ないモノクロで行っている。

　本章ではアパレル素材検索システムの設計において、検索目的の画像である素材画像や服地柄の印象と、それを用いて検索する印象語[*1]について述べる。

　本書では、入力の際用いる印象語とはユーザが検索時入力する情報のうち、日常的に用いる語を想定している。これは、だれもがネットで服地の買い物を楽しむことをイメージしているため、専門的な用語や技術データよりも普段の用語を優先したいからである。

　専門的な用語以外で希望の商品を表現することは、前章でも述べているが意外と大変である。特に服地は見た目や手触りの印象で表現せざるを得ないため、あいまいな情報として伝達する危険が高い。ことに印象情報のような主観的な情報を画像データの検索語として用いる場合、客観性を損なわず素材の属性データファイルを構築することは容易ではない。

　そこで極力あいまいさを減少させるため、印象語にアイテム名や柄や色、ある

注1　本章では、モノの印象を表現する日本語を指す。モノとは、製品やそれを構成する素材だけではなく、動植物も対象とする。固体・液体の区別は無い。たとえば"美しい"や"明るい"は、日常的に用いる印象語である。このように定義すると、印象語は形容詞が大半になる。しかし、印象の表現であるから特に品詞は限定しない。

いは素材名を加えることも検索効果のアップには特効薬となる。近年は多様な素材が開発されており、インターネットのコマーシャルでも度々バナー広告などでお目にかかるので、消費者も敏感にこれらの情報をキャッチしていることもある。しかしこれも行き過ぎると、業界の人中心のシステムになりかねないといった副作用がある。

そこで本章では副作用を抑える意味で、消費者が接触するアパレルやファッション関連のメディアから、買い物に使用すると予想する印象語を収集する。そして、それらをシステムに組み込むプロセスを紹介する。

3.1 はじめに

画像データベースの構築時、画像情報を効率的に取り出すためさまざまな方法が検討されている。それらのひとつして、画像内容と関係する用語を検索に用いる方法も多い。例えば作成年月日や、制作者名、材料名など画像内容と直接関係する名詞、用語を用いる方法である［2］［3］。また画像オブジェクトや構成要素の関連性や位置関係を検索キーワードとして試みた例［4］もある。

これらの報告は画像データから、画像に関してなんらかの情報をユーザが取得している必要がある。そこでユーザがデータベースの内容について多くの情報を有していない場合でも、画像に描かれている形状さえ分かれば検索できるような手法が検討されてきた。たとえば、評価者を介さずに画像から機械的に属性情報を抽出する方法である。C.H.C.Leung,D.Hiblery や Mei C.Chuah らは、画像内容を表現する要素を用いて、画像データベースの属性情報を抽出した［5］［6］。

これら一連の手法は画像の情報を視覚的あるいは属性データとして処理しているので、適切な情報であれば画像データの検索効率は高くユーザの要望に合致する。しかし十分に活用するには、ユーザが画像に対する何らかの知識を有することが前提となる。たとえば、画像が描かれている品物や描かれた年などである。これは、検索対象によってはなかなか難しいこともある。

そこで近年はこれらの知識が無くてもユーザが画像に感じる用語、あるいは画像から受けると予想される用語を用いて検索する方法が報告されている。例えば近藤らは、画像の印象など感性を文字化して画像データを関連付けて検索に用い

る報告［7］をしている。また Nakatani らは、複数の感性語を含む文による画像データベース検索手法を報告している［8］。

　ところで、印象や感性のような主観的情報で表現する印象語の解釈や、聞き手が受ける印象の程度は発信者と受信者間で同じ保障は無い。もちろんデータベース検索ではユーザ間でも同一とは限らないため、入力データにはあいまいさが生じる。例えば'明るい'から連想されるアパレル柄はユーザ間で一致しない［9］。また同じ柄に対して、'非常に明るい'で表現されるユーザの評価値も個人差がある。さらに同一ユーザでも評価値は評価時間で異なる。したがって、データベースからユーザが目的の素材を得るためには、各ユーザの評価値が近い印象語を用意しなければならない。しかも、それらの関係は主体と属性の関係であるから、検索結果に直接影響を及ぼす。この意味で、検索語としての印象語の選定は、データベースの検索効率を左右する重要な課題である。

　検索方法が検索語をあらかじめ設定しておき、それらをユーザが選択するインタフェースを考えてみよう。この場合は、限定された印象語数で画像データを効果的に判別することになる。そしてそれらの語でユーザとシステム間の主観的情報の評価差を、極力小さくしなければならない。素材データベースのユーザインタフェース設計において、これらを満足する検索語の選定手法開発に言及した報告は意外に少ない。ましてやその中に主観的情報を含む場合はさらに少ない。たとえば田中らは、衣服データベースの検索キーワードをアンケート調査結果に基づき設定しているが［10］、感性的な情報は含まれていない。また磯本らは、絵画を対象とするデータベースの印象語を、相互関係により決定しているが［11］、上記の課題については言及していない。

　主観的情報を挿入しにくい理由を考えてみよう。まず画像特徴を適切に表現する語の選択方法が不明であることがあげられる。ユーザは画像の印象を主観的に解釈するので、その表現は個人差が大きい。したがって、それらを客観的に整理することは結構困難が伴う。

　そこで本書では、アパレル素材検索システムの検索効率を最大にするため、多くの印象語を収集してそれらから画像データに対応する検索語を見つけていこう。まず、印象語の収集からスタートしよう。アパレル素材や柄を表現する語は無限とは言わないが大変多い。専門的な語や業界で用いる語なども加えるとそれらを扱う新聞、業界紙、専門書も対象となる。しかしこの節では、人が主観的にアパ

レル素材や柄を表現する語に限定していく[*2]。

とりあえず多種の画像から印象語をピックアップしていく。これは、多くの評価者にアパレル画像の印象を評価してもらい、使用語の出現頻度を検討することで一般的に用いる語が分かる。ただし選択したそれらの多くの語を用いることは、システムの保全が煩雑になるとともに、画像の追加・変更の場合は多くの手間が必要になる。

これを回避するため、画像の印象をなるべく少ない印象語で、最大の検索効果を発揮する検索語を選定していこう。この実現のために、画像の印象に影響を及ぼしている潜在的な因子を抽出していく。この理由は、われわれがモノや事象などから受ける印象は、いくつかの分野の印象で表現できると考えるからである。たとえば、怖いと画像から印象を受ければ、その表現する語は「怖い」、「恐ろしい」、「恐怖」などである。また飛躍して「地獄」、「悪魔」のように表現する人もいるかもしれない。これらは、多少のニュアンスの違いは無視すれば"恐怖"とまとめることができる。つまり、われわれが潜在的にもっている"恐怖心"から、湧き出た印象語である。

この潜在的な因子と印象を結び付けるには、因子分析[*3]を用いればよい。そしていくつかの因子が抽出できたら、因子から画像の印象を代表する印象語を選択していこう。そのプロセスにより、多くの印象語は潜在的因子を代表する限定個数の語に絞られる。以下、この因子を印象特性因子と呼ぶことにする。

最終的に選択する語数は、多いほうが画像のヒットする割合は向上する可能性がある。しかし、前述の負担が増加する。したがって、効果と語数の最適な点で決めるべきであるが、これはシステムに実装して実験により結果を出さないと判断できない。そこで本実験では14種の検索語を設定し、アパレルモノトーン柄データベースを構築して検索実験を行う。

印象特性因子を用いた場合に予想される効果を以下に示す。

①検索語の解釈広がるためがユーザとシステム間で解釈のあいまいさが低下する。結果として目的画像のヒット率が向上する。

②検索語は画像の印象を代表するので、少ない語数で画像の印象を表現すること

注2　専門的用語などの出所に関する報告は、参考文献［12］を参照されたい。
注3　因子分析の詳細な説明は参考文献［13］などを参照されたい。

ができる。したがって、属性ファイルの作成は項目数が少なくなるので、データベースの保守・管理が容易になる。

③ユーザは入力負担が減る。

なお、これらの結果に関しては、別章で詳しく述べる。

3.2 印象情報の知覚的体制化と構成要素

本節では、ユーザが目的とする画像の印象を印象語の程度[*4]で出力するモデル[*5]構築の基本的考え方について述べる。そして印象度の出力に必要な説明変数である構成要素について定義する。以下、このモデルを印象モデルと呼ぶ。

3.2.1 印象情報の知覚的体制化と構成部品

画像の感性情報の定量化に関する報告は少なくない。しかし、その多くは部分的な感性情報に限定されており、本書で意図する素材全体の情報を定量化する報告は、筆者の知る範囲では多くない。アパレル素材検索システムにおいて、印象情報と素材情報の対応付けが不明瞭な場合、印象モデルを組込む推論部の構築は困難となる。その結果システムの精度は低下する。したがって、できれば素材の印象情報は素材の全印象を網羅することが望ましい。

画像全体の印象の抽出に関する報告では、著者らはアパレルモノクロチェック柄を対象にして、クラスター化した図柄と印象の関連を実験した［14］。この手法では画像の種類が限定されており、これらの限定した画像をさらにクラスタリングしている。そのため多種のアパレル画像にそのまま適用するには、検索の精度が低下する懸念がある。また佐々木は単純な図形を用いて「目立つ」との関連を検討した［15］が、より広範囲の印象については述べていない。

柄や図形一般を対象にするには、柄固有の図形特徴と、柄から受ける全体の印象との関連性を把握することが必要である。そのためには、図形特徴を構成する柄のパーツを特定して定義する必要がある。しかし、図形を構成するパーツは無限にあり、それらはお互いが離散している形態を示すこともあるが、接触してい

注4　印象の程度（以下、印象度）を数レベルの尺度で表現する。
注5　印象度から構成要素を出力する場合も含める。

るように解釈することも可能である。したがって、パーツの認識の基準と深さを決める必要がある。

　ゲシュタルト心理学において、基本的な刺激（近接; 似た特徴を持つ色や線、連続; 方向性を持つ線など）は知覚の元素的な単位であり、基本的刺激の体制化（知覚的体制化）により、心理学上の諸問題を解く可能性があると考えられてきた。この知覚的体制化が、対象をどのように知覚するかという点で、意見はほとんど統一されている［16］。

　そこで本書では、基本的刺激に相当する図柄の特徴と印象度との関係を検討するため、図柄の複雑な刺激の認知を知覚的体制化により生ずる主要な図柄の印象と考えよう。つまり−ユーザは図柄から図形の特徴部を無意識に区別し、それらからさまざまな印象を受ける。つぎに、その印象が結合して主要な印象が生ずる−と仮定しよう。

　このように人間の視点から図柄の特徴を解釈すると、やや複雑な図形特徴も、個々のパーツから全体の特徴を浮き上がらせることができる。そこで図柄を構成している物理的に独立した個所を構成部品とする。たとえば日の丸であれば、赤地と白地の形状が構成部品に相当する。ただし、構成部品は単なる形のパーツであるから、色などの情報は持たないとする。

3.2.2　構成要素とリピート

(1) 構成部品と構成要素の関係

　知覚的体制化に移る前に、図柄を構成する物理的要素や形状などの視覚的に可能な表現方法を考えてみよう。

　定性的には図形形状がある。そしてそれらを描く技法や図形を構成する要素も視覚的に表現できる。たとえば点描画などがその一例である。そして、描かれた形状同士の配置関係も表現可能である。もっとも配置関係は定量化も可能な場合がある。

　また定量的には用いている色の濃度分布、コントラストが代表的な項目である。これらはデジタル処理によりプログラム化され高速に処理できる[*6]。前者は図形特徴をそのまま視覚的に表現した方法であり、後者は物理量として求めることが

注6　柄の処理に関しては4章を参照されたい。

3.2 印象情報の知覚的体制化と構成要素

できる[*7]。前者の表現も物理量としても可能であることはいうまでも無い。本章では、図形特徴を視覚的な要素で直接的に説明するため、定性的な特徴抽出が主体となる。また色情報に関しては別章で扱う。

　図形特徴の抽出基準は、前項にて述べた構成部品である。仮定によりユーザが画像を見て無意識に反応する箇所である。無意識といっても"表現していない"か、あるいは"表現できない"からであって、意識が無いわけでは無い。そこで、デザイナや画家の立場ではなく、一般人が画像を見て図柄を構成していると感じる箇所を抽出基準とする。したがって、画風で視覚的に表現された箇所は対象としない。

　抽出した特徴は、線や面のような図形を構成する基本部品であるから構成部品である。つまり、独立して描かれている円や正三角形は構成部品に相当する。しかし、その部品が画像の一部を構成しており、その描かれている個所や他の構成部品との位置関係などの影響を受けている場合は、構成部品と異なって、形状以外の情報を持っている。

　そこで、このように固有の情報を含む場合は構成要素と呼ぶことにする。つまり、円が画像の中心に位置していればそれは偶然ではなく技法的に描画されているわけなので位置情報を持つ。したがってそれは構成要素である。また、構成要素同士の関係も構成要素となりうる。たとえば、ある構成要素と隣り合わせの構成要素との距離も構成要素とすることができる。

　したがって構成要素とは、図形を構成する全ての要素であり、情報を持つ点、線、面は構成要素である。情報とは構成要素の属性であって、色、形状、位置、向き、個数である。またそれらの組合せから生ずる配置形態、あるいは表現される領域を示す物理量も含む。属性の無い構成要素は構成部品である。図 3-1（口絵も参照）において、A、B、Cは構成部品である。一方画像範囲にセットされたD、E、Fは属性を伴うため構成要素である。バックグラウンドのGも属性を持つ独立したパーツと見なせるから構成要素である。さらにE-Fの距離Hは構成要素同士の関係であるから、やはり構成要素とみなすことができる。

　点、線、面は数学的な解釈ではなく、あくまで視覚上、相対的な見方をする。つまり図形のなかの空間では点あるいは面にもみられる空間限定性をもつ [19]。

注7　本章の参考文献 [17] [18] のほか、図形特徴を扱った画像処理関連出版物は極めて多い。

そこで本章ではこれら構成部品の判別は、人間が知覚することを前提としているので厳密な判断基準は設定しない。基本的に、長さと面積を中心として判断することを決めるに止める。

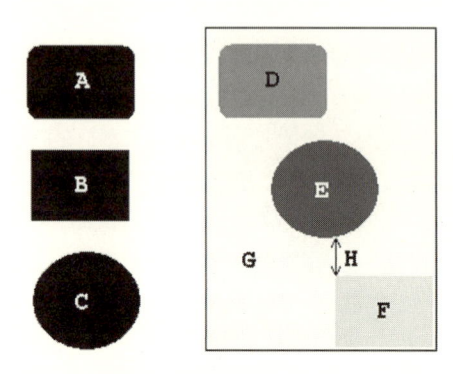

図 3-1　構成要素と構成部品の関係　（左が構成部品、右が構成要素）

(2) リピート

アパレル柄の特徴として、リピート[*8]（同一のパターン）の繰り返しによる構成があげられる。大半の服地や編地の柄は多くのリピートの組合せで構成される。本研究では"刺激の知覚的体制化"に従い、柄全体から構成要素を抽出するのではなく、リピート単位で図形特徴を処理する。このことにより、図柄は少ない構成要素で説明できる。線の長さや方向は数値で明確にすることができる。また文字による表現も不可能では無い。そして、それらと印象情報との関連を検討し、全体の情報を推測するボトムアップ方式で印象モデルを構築してみよう。

図 3-2 に、ストライプ柄の構成要素とリピート、およびそれらと印象情報の知覚的体制化の関係を示す。図において、リピートは 3 種の構成要素から成っている。構成要素共通の属性 X の要素は、各構成要素の属性 xi（$i=1〜3$）である。X を用いて、印象 A あるいは印象 B を説明する。

注8　織物の完全組織（one repeat）。経糸と緯糸との全ての組合せにおいて繰り返し適用されている、最小で完全な組織の一単位。（参考文献［32］より）

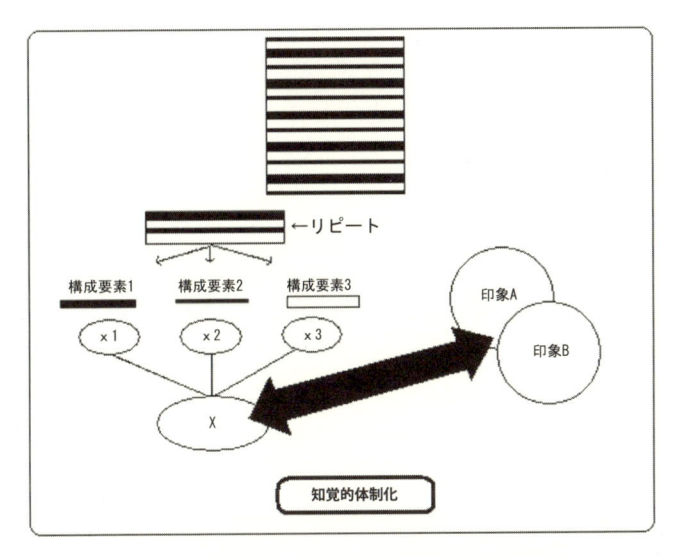

図 3-2　構成要素、リピート、知覚的体制化の関係

3.3 印象モデル

　本節では印象情報を知覚的体制化に従って定量化するため、モノクロアパレル柄の構成要素を用いて印象モデルを作成する方法を説明する。
　モデル作成にあたり、構成要素の特徴別に2つのアプローチを述べる。そして本手法の応用事例として、アパレル製品の定番といわれるモノクロのドットとチェック柄の印象モデルを紹介する。

3.3.1　多次元分割表によるドット柄の感性モデル

(1)　ドット柄の構成要素

　本書で扱うドット柄は、地とドットだけで構成する最も単純な構成である。それら構成部品であるドットより特徴付けされるドット部分と地部分は構成要素である。またドットの形状や、ドット間の距離のようなドット相互に関係する位置関係も構成要素である。

図3-3にしたがって、図柄を構成部品で分類すると、
a) 図柄の一端から他端まで連続する構成部品からなるタイプ（例:ストライプ柄）。
b) 独立する構成部品からなるタイプ（例:ドット柄）。
c) 連続、独立の構成部品が混在するタイプ（例:一部のチェック柄）。
に分けることができる。

本項で取り扱う図柄のタイプは、b) であり、全ての構成部品は径の異なる真円である。そして、同一図柄の構成部品相互の間隔と配置は一定である。したがって構成要素は、以下の3点となる。

ア）構成部品大きさ

イ）構成部品の色

ウ）構成部品の位置関係

である。

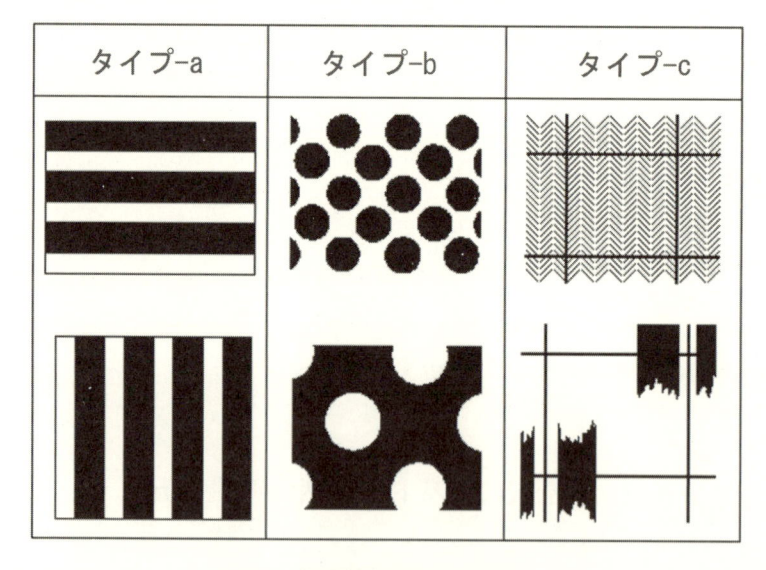

図3-3　構成部品で分類した図柄

構成部品の大きさは、画素数から求めればよい。

構成部品の色は、画素のRGB情報で分かる。

構成部品の位置関係は、構成部品の重心座標が求められれば、それらの位置は

以下の式（3-1）で求めることができる。

$$l = f(S, g1\ (Px1,\ Py1), g2\ (Px2,\ Py2)) \tag{3-1}$$

ただし、
- l ：構成部品間隔
- S ：構成部品の大きさ
- $g1\ (Px1,\ Py1)$ ：構成部品1の重心座標
- $g2\ (Px2,\ Py2)$ ：構成部品2の重心座標

ただし、本項では構成部品形状が真円に近いので単純に距離（L）で代替する。

(2) 多次元分割表モデル

図形特徴と印象を数量化して関連付ける方法として、印象を図形特徴へ線形写像する方法が従来から用いられてきた[20]。手法としては、重回帰分析に代表される線形モデルを適用する事例が多い。この方法の場合、対象とする画像データが少ないとモデルの精度が低下する場合がある。また、定量化された変数と定性的な変数が混在する場合は計算条件の設定などの措置を考慮する必要がある。

本項で用いるドット柄は、過去の報告において印象と図柄の関係が他の図柄に比べて検討されている[21][22]ので、構成要素が印象変動へ与える効果を予測しやすいメリットがある。デメリットとしては、単純な柄のため構成部品の形状と配置が限られており構成要素数の自由度が小さい。そのため、構成要素間で印象情報に対する交互作用が生じる可能性が高い。

そこで少ない画像数でも構成要素間の相互作用を含めた線形モデルの構築が可能な、多次元分割表モデルを適用してみる。

多次元分割表では、要因である構成要素をカテゴリ化するため、微妙な違いの要因設定は限界がある。しかしユーザの印象の変動を考慮した場合、僅かな差の条件を設定するよりも、明確な違いでカテゴリ化したほうが線形モデルとしては精度が得られる可能性がある。

以下、多次元分割表によるモデルを説明する。

目的の図柄について印象と強く関連する s 種の図形特徴（構成要素）が選択さ

れた場合、前節より全体の印象は各図形特徴および、それらの組合せから生まれる要因である交互作用により説明される。n 種の図柄が p 種の印象を表現する情報で表現できれば、印象度の期待値 μi は s 種の印象の変動に対する図形特徴（構成要素）の効果 uj ($j=1〜s$) で説明できるので、線形モデルで表すことが可能である。ドット柄の場合、図形特徴相互の作用はある程度存在すると予想されるので、uj 間の交互作用はモデルに存在すると仮定する。すると、主効果と交互作用効果による対数線形モデルを当てはめれば、分割表印象 i の期待値 μi の対数は式（3-2）で表現できる。

$$log_e \mu_{ijk}... = u + uj^A + uk^B + \cdots ujk^{AB} \cdots \quad (3\text{-}2)$$

ここで,
    u：全平均効果
    $A, B...$：要因（$1〜s$）
    $j,k,...$：各次元のレベル数
    (ただし $i = 1 〜 p$)

最適モデルを選択は、各作用の効果が高く適合度の X^2 統計量5%有意点を判定すれば良い。

3.3.2 ドット柄とその印象度

(1) 図柄

対象とするドット柄は、定番とも言える等間隔配置で全ドットが円の図柄である。地の色は白または黒である。柄の仕様を表 *3-1* に示す。図柄の一部を図 *3-4* に示す。

表3-1 ドット柄の仕様

項　目	内　容
ドット(円)の半径	0.75mm 〜 15mm
ドット間隔	2mm 〜 50mm
図柄の種類	30種

図 3-4　アンケートに用いたドット柄の一部（地とドットが反転している柄もある）

(2) アンケート調査による印象語の選定と印象度

　柄からの感性情報を得るために、図柄の印象を表現する印象語とその程度である印象度についてアンケートを行った。評価者は服飾を専門とする 57 名の女子大生である。なお印象度は式（3-2）μi に相当する。

　図柄の印象度の数値化はさまざまな方法が考えられる。本項では評価者の直感的な印象をそのまま印象度に結び付けるため、各画像の印象について語数を制限せず自由に記入させた。そして、各画像が得た印象語の頻度を 5 レベルに変換して印象度とした。これにより、多数の人が印象として感じた語が高レベルの印象度になる。

(3) 印象語

　印象語は感性的な面だけで捉えれば、本来図形の特徴から派生した心への影響を表す語と解釈できる。しかし、ここでは検索システムに実装する検索語と解釈して、回答者が自由な発想で表現する語である図柄から想像する物や図柄の特徴そのものを表現する語も含めた。例えば立体的な図柄の印象語は、「リアルな」、「写実的」などの抽象的な形容詞以外に、「立体的」、「3 次元的」などの図形の幾何的な特徴を、直接表す語も含めている。ただし、「ドット」や「水玉」のような

柄そのものを表す語は図柄をドットに限定しているため、比較対象とする図柄が無い。したがって、今回の検索語としては不適と判断して対象から外してある。

また図柄のアンケートから得た語を対象にしているため、アパレル素材や製品に関する技術用語、専門用語はほとんど無い。

アンケートより得た語の中から、以下の2条件を満足する語を印象語として選択した。

① 刺激図柄に対する反応の程度の個人差が小さいこと:

印象語を用いて図柄の特徴を表現するには、それらの語について少なくとも回答者が共通の解釈をしていることが必要である。しかし実際には、図柄に対する印象の程度や質は多少なりとも個人間で異なることが普通である。そこで本調査では共通に解釈されているという意味において、同一の図柄について多くの回答者の印象語が一致した語、つまり1図柄当たりの平均回答頻度が高い語を反応の程度の一致性が高い語と解釈している。

② 特定の図柄ではなく複数の図柄に使用される語であること:

対象とする図柄が専門的な場合でも、それを表現する印象語が限られた図柄しか該当しないときは、評価に使用する印象語数の増加は避けられない。そこで印象語の使用に対する汎用性を持たせるため、複数の図柄に使用された語[*9]を選んだ。

これらに該当する語から、さらに意味的に近似する語および反意語を除去した8語を印象語とした。全語に共通しているのは、年齢や性にかかわらず日常的に使用する語である。印象語を表3-2に示す。

表3-2 選択された印象語

No	印象語	No	印象語
1	暗い	5	レトロ
2	しつこい	6	可愛い
3	大胆	7	さっぱりした
4	平凡	8	暖かい

注9　各柄に共通する印象語は、最大公約的な語になる可能性もあって柄の特定には不向きになることもある。したがって、共通性の加減が大切になってくる。この点に関しては次節で説明する。

(4) 構成要素のレベル

1図柄あたりの地を除く構成部品数は、ドットが全て同じ大きさ、同じ形状なので1種類である。各構成要素のレベルは、構成要素の仕様の分布を考慮して特定レベルに偏らないように決定した。構成要素とレベルを表3-3に示す。

表3-3 構成要素の種類とレベル

	構成要素	レベル数	レベルの内容
A	構成部品径	3	2<, 5<, ≧5
B	間隔値 (L)	3	50<, 100<, ≧100
C	構成要素（ドット）の色	2	黒, 白

注）間隔値Lは以下の式で算出した。

$L = d^2 / r$
　d：構成部品の間隔
　r：構成部品径

3.3.3 モデルの精度

三元の分割表に変換した印象度を入力して、式 (3-2) より8語の印象モデルを作成した。X^2統計量5%有意点で検定した結果、'暗い'、'平凡'、'可愛い'、'暖かい' の4語のモデルが選択された。これらのうちで精度が高いモデルの基本型を表3-4に示す。

これらの印象モデルを用いて、印象度の誤差率（e%）を式 (3-3) より計算した。効果A（ドット径）をプールした結果について、全語の誤差率の合計（累計誤差率）とカテゴリ別の各効果（効果カテゴリ）との関係の一部を図3-5に示す。

$$e(\%) = |Xn - Vc| / Xn \qquad (3-3)$$

　　ただし、　Xn：アンケート調査により得られた印象度の平均値
　　　　　　Vc：感性モデルの出力値

第 3 章 印象情報と検索語の設定

表 3-4　印象モデルの基本型

印象語	印象モデル	χ^2
暗 い	$u + u_j^A + u_k^B + u_{jk}^{AB}$	13.5
平 凡	$u + u_j^A + u_k^B + u_l^C + u_{jk}^{AB}$	12.3
可愛い	$u + u_k^B$	15.1
暖かい	$u + u_j^A$	16.6

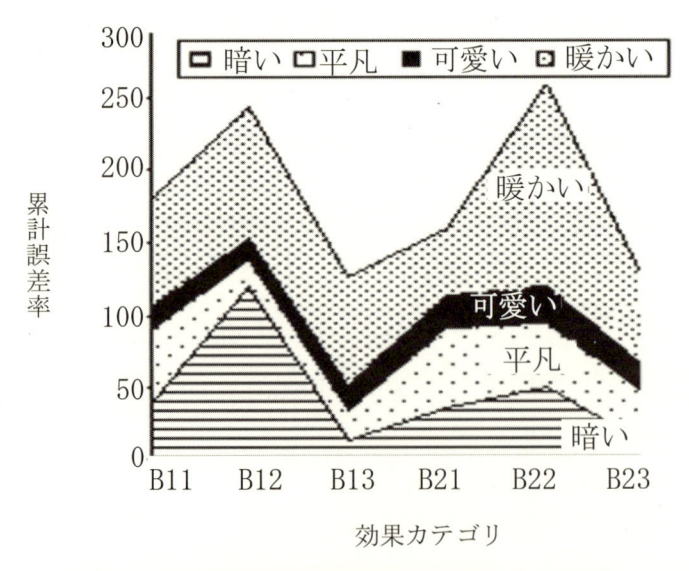

図 3-5　モデル理論値と観測値の相違（効果 A プーリング）

「暖かい」が B22（黒場、ドット間隔中）をはじめとして効果カテゴリで誤差率が大きい。一方「暗い」の一部（B12; 白場、ドット間隔中）で誤差率が大きいが、その他の語の誤差率は 10％〜40％に多く分布している。したがって、「暖か

50

い」以外は画像全般に渡って印象を定量化している。

　「暖かい」のような、回答者の感覚が主に視覚より触感のウェイトが高い語は、本手法で十分な精度のモデルを得ることは難しいようである。さらに「暖かい」は構成部品径-Aだけで説明されている。これはドットの大きさだけで「暖かい」を説明することになり、人の感覚として説明するには無理がある。

　同じ1つの構成部品だけのモデルである、「可愛い」では間隔値-Lで説明している。これはドットの視覚的な密度に近いため、"可愛い柄"をアイテムとして想像しやすいのではないか。

　これら4語以外のモデルは、構成要素のレベルの取り方や、3構成要素以外の要因の存在が印象に影響していることが考えられる。

　以上のことをまとめよう。小さな印象モデルでは、分割表は効果があるが限定的である。たとえば、視覚的情報以外の情報が混じった場合はその情報を尺度化して組込む必要がある。すると次元数は増加していくためモデルは複雑になっていく。また、同時に他の構成要素のレベルとの整合性も困難になる。

　印象語の設定も重要である。本実験ではアンケートより選定した8語について印象モデルを構築した。しかし最終的にモデルとして機能したのは半分であった。そのうちの1語は、精度が低かった。このことは、モデル構築の印象語設定の重要性を示唆している。今回設定した印象語はドット柄にだけ対応する語ではなく、他の柄にも使用できる語を選んでいる。しかし、頻度だけで選んだ語とは、"印象を表現する語としては誰もが多く用いる"語ということである。これは、"画像特徴を選別するために効果がある"語とは別である。

　したがって、本実験規模以上の印象モデルを目標とする場合は、構成要素の大幅な絞込みと、適切な印象語の設定が精度向上のキーになるだろう。

3.4 印象語の整理方法と検索語の設定

　前節の分割表による感性モデルでは、ドット柄に関するアンケートにより頻度と汎用性の面から最終的に4種の印象語を選択した。しかし、そのうちの一語は、誤差率が高く実用上疑問が残った。

　前節では画像数が少なく図柄の種類もドット柄1種であった。このような限定条件ならば、4種の印象語でも目的画像はヒットする可能性がある。しかし図柄の種類の増加にしたがって画像数も増加していくため、印象語も図柄と構成要素の多様化に合わせて増加せざるを得ない。当然分割表による印象モデルのサイズも大きくなる。

　一方ユーザサイドでは、単純な操作性をもつユーザインタフェースが望ましい。入力インタフェースがシステムサイドから提示されたいくつかの印象語の場合は、入力語数はできる限り少なくしなければならない。システムの管理サイドから考えれば、用いる語数は少ないほうが効率的であり、費用の面からも有利である。本節では、前節よりやや複雑な印象語の設定について説明する。前節で検討した頻度と汎用性に別の要素を加味して、多くの印象語を限定するデータベースの検索語に選択する手法を述べる。まず印象語について述べ、そして印象特性因子の決定方法と、最終的にそれらから検索語を選定する方法を述べる。

3.4.1　検索語としての印象語

(1) アンケートによる印象語の収集

　本書で想定するアパレル素材検索システムのユーザ入力部分のインタフェースは、ユーザが扱いやすいことが第一である。この意味で、ユーザが印象語を限定しないで自由に入力する仕様と、いくつかの限定された検索語についてユーザが情報を入力する仕様に分けられる。どちらも長所短所があるので本書ではこれらの両方に対応した仕様を議論していくが、まず後者の限定する仕様についていましばらく検討してみよう。

　人がモノから受ける印象を言葉で表現するには、少なくとも同一世代であればだれもが理解できることが最低条件である。したがって、ユーザへの提示する語は、一時的な流行語や外国語をカナ文字化した語、あるいはローカルな語は避け

3.4 印象語の整理方法と検索語の設定

るべきである。

さて衣服素材を表現する語は、それ自体普段使用する必需品であるから日常用いる語から絞り込むことができる。限定した検索語で検索をかけるならば、ユーザは可能な限り少ない入力量で最大の効果を得ることを期待する。この場合は、検索語が少ないほどこの目的に合致して、最終的にユーザの使用上の負荷を軽減することができる。このような美味い語を確認するため、ユーザとアパレル関係者にアパレル柄に関して持つ印象を表現する語についてアンケート調査した結果を次に示そう。

検索語は、消費者であるユーザが主体である。しかしユーザの情報が最終的に関係分野の人に正確に伝達される必要があるので、アンケートの対象者は消費者とアパレルおよび衣服素材関連に携わる人にお願いした。これらの人々が日常生活や仕事で普段使用し、お互いが共通に理解する語でなければならない。

また年齢層などで使用する語が異なることもあるので [23]、関連分野を中心に多くの印象語を収集して整理し、制限個数に絞り込む必要がある。そこで、東京近郊に通勤、通学、在住する男女合計 60 名を対象にアンケートをとった。回答者に 18 種のアパレル柄を提示し、柄の印象を品詞、数を問わず自由に記入させた。

提示した図柄は、アパレル製品の大部分のアイテムに用いられるモノクロチェック柄である。チェック柄であれば様々な製品が思い浮かぶとともに、それらに関する印象や製品名を発想するはずである。そこで、それらのアイテムに定番的に用いられる柄を積極的に取り込んだ。たとえばタータンチェックに代表される英国伝統の織柄や、シャツ地に多用されるウィンドウペインなどである。また製品としては多く使われていないが、矢絣に代表される日本伝統柄などを加えて、刺激にバリエーションをもたせている。柄の 1 リピートの大きさは、実際に用いられる製品を念頭に置き、パーソナルコンピュータ上で作成した。柄全体の大きさは、製品アイテムの印象から生ずる影響を極力抑え、柄だけの印象を取り出すため 130mm × 170mm (タテ×ヨコ) / (画像) に統一した。**図 3-6** に縮小して、特徴部分をトリミングした図柄を示す。なおこれらの選択は、関連文献 [24] [25] [26] を参考にしている。

アパレル柄では、糸使い、表面加工、編織組織などの素材の違いで同一柄でも印象は大きく異なる。他方ではプリント技術の向上で、消費者が一見した限りでは糸染めとプリント柄の判断がつかないこともある。そこで本調査では質感から

第 3 章 印象情報と検索語の設定

生じる柄への印象の効果を抑えるため、ケント紙に黒色で柄を印刷して回答者に提示し、全柄に関する印象語を品詞、分野、個数を問わず自由に記入させた[*10]。

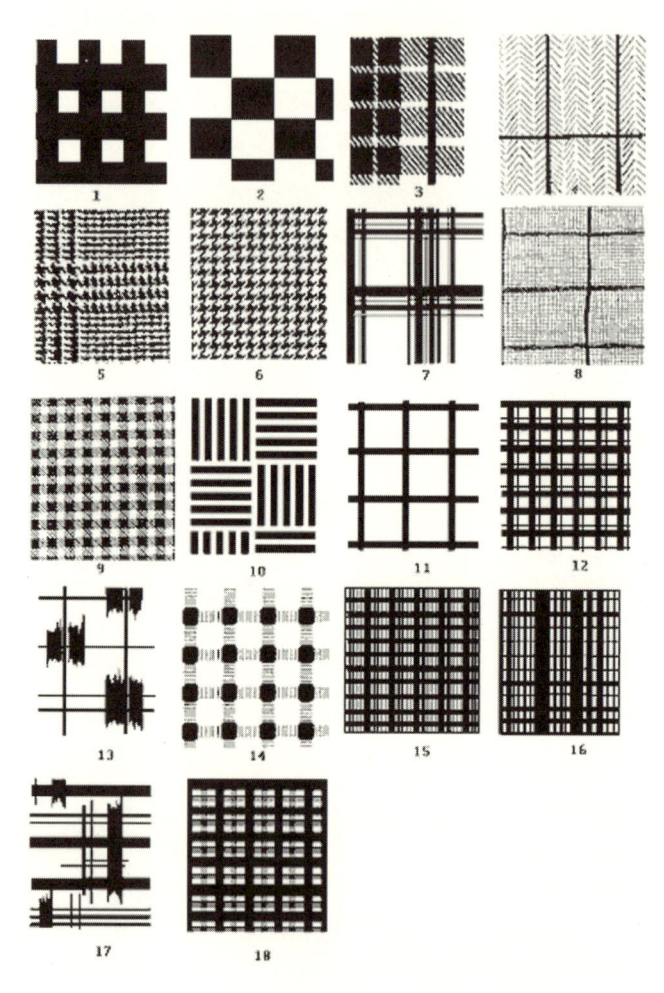

図 3-6　アンケートに用いたモノクロチェック柄

注 10　現在では、低価格で 20 インチ以上の高画質モニタが手に入るので、紙との差はほとんど無いと思われる。

3.4 印象語の整理方法と検索語の設定

(2) アンケート回答結果

わずか18種の図柄であるが、アンケートから得られた語は345種であった。それらから、製品アイテムを連想する語や図柄そのものを直接的に表す語を除いた。つぎに、語尾等が異なるだけの語や「シンプル」、「単純」のように明らかに同意語と見なすことができる語をまとめると290種であった。それらは、日常頻繁に用いられている語である。色が無い構成要素だけの図柄でも様々な印象を持つことが分かる。

得られた印象語の一部を頻度順に表3-5に示す。

表3-5 アンケートから得られた印象語（頻度10以上．整理前）

番号	語	頻度	番号	語	頻度
1	可愛い	36	16	重い	14
2	シンプル, 単純	33	16	規則的	14
3	暖かい	25	16	英国調	14
4	涼しい	24	19	面白くない	13
5	古い, レトロ	23	19	地味	13
5	グラフ用紙, 方眼紙	23	19	明るい	13
7	ソフト 柔い, 軟い	22	19	和服, 着物	13
7	うるさい, しつこい	22	23	立体的	12
9	爽やか	17	23	優しい	12
9	暗い	17	23	冷たい	12
11	繊細	16	26	冬	10
11	清楚	16	26	伝統的	10
13	単調	15	26	大胆	10
13	硬い, ハード	15	26	軽快, 軽い	10
13	夏	15	26	個性的	10

(3) 想定する検索システム

アパレル柄検索システムは、推論部と画像ファイルと属性ファイルから成るシンプルな構成を想定する。画像ファイルは、アパレルモノクロ柄の画像ファイルである。属性ファイルはそれらの情報を記録したファイルである。主な属性は、検索語に対応した尺度化された評価値の平均値である。推論部は、ユーザが入力

した検索語の印象度から属性ファイルに記録された評価値を計算するモデルを組込んだ心臓部である。入力値から適切な画像を抽出するエンジンに相当する。属性ファイルの画像評価値は、ユーザが入力した印象度に対応して5段階に数値化してある。

このシステムのユーザインタフェースは、ユーザが複数の検索語を用いて目的とする柄の印象度を数値で入力するとしよう。この場合、検索語数が多すぎると、前項で述べたようにユーザの入力負担は増加して、ユーザインタフェースは低下する。したがって、適切な検索語と語数の設計が重要となる。

想定する検索システムを図3-7に示す。

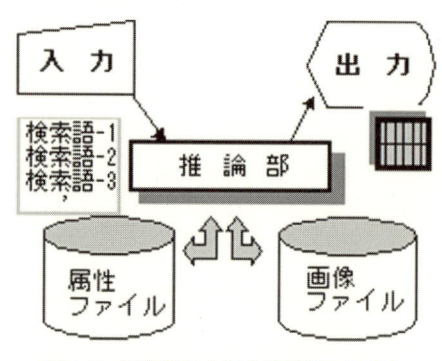

図 3-7　印象度入力による検索システム

3.4.2　印象特性因子による検索語の設定

(1) 印象特性因子と印象語の関係

収集した印象語を整理してなるべく少数の有効な検索語に絞り込むための操作を行う。そして、3.1節 (p.36) で説明した因子を抽出しよう。

因子分析で得られたいくつかの因子のうち、画像属性に大きく影響を与える因子を印象特性因子と呼ぶ。印象特性因子は全印象を多次元空間で表現する場合、次元に相当する。しかし印象特性因子は抽象的な概念であるため、それにより表現される内容を誰もが同様なレベルで感受することは難しい。そこで、印象特性因子を分かりやすく表現できる印象語を抽出して、それらを用いて印象を数量化することにより画像の印象を表現する。

つまり印象語は、印象特性因子の一部あるいは大部分を表現する'日常語'に相当する。画像を特定する検索語は、特定の印象を有する画像群にだけ共通に使用する印象語が有効であるから、多くの印象特性因子を表現する印象語より、特定の印象特性を表現する印象語を検索語として優先する。

(2) 因子分析による印象特性因子の決定

印象語は、印象特性因子の内容を部分的に表現しているが、他の特性と無関係ではない語も多い。たとえば、「涼しい」は、主に季節感を表現する印象特性に属すると仮定した場合、一方ではその柄を用いた素材感を表現する印象特性因子にも関与するかもしれない。

図 3-8 は、画像サンプルと検索語と印象特性因子の関係を示している。画像サンプル 1 と 2 の属性データは、検索語 t, t+1, t+2 で構成されている。画像と検索語を結ぶ線の幅は、検索語による印象の大きさ（印象度 $x_{ij}; i=t〜t+2, j=1〜2$）を表している。検索語 t+1 は、印象特性因子 a と b の両方に属しており、印象度も同じなので、柄を判別する t, t+2 と比べると効果は低い。

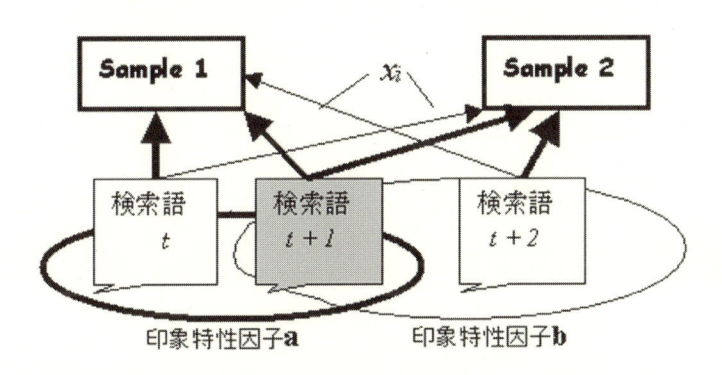

図 3-8 画像サンプルと検索語と印象特性因子の関係

検索語 t, t+2 は、異なる印象特性因子に属しているので、柄を効果的に判別できる。ここで 2 個の F_{io}（$i=t〜t+2, o=1〜2$）を、x_{ij} の集合から構成された印象特性因子の大きさを示す合成変数であると仮定すれば、検索語 t の印象度 x_{t1} は、特性値 F_{io} とそのウェイト a_{io} により式（3-4）で表現できる。

$$x_{t1} = a_{to}F_{1o} + E_{t1} \qquad (3\text{-}4)$$

$Et1$ は、$xt1$ の誤差項である。また m 個の印象特性と n 種の図柄に対しては、xij は式（3-5）で表現される。

$$X = FA' + E \qquad (3\text{-}5)$$

ここで、X は p 個の検索語に対する n 個の印象度行列である。F は、n 行 m 列の特性値行列である。もし、特性値間の相関性が低ければ、印象特性を印象度の変動に関与する因子として扱うことにより、F、A' は因子分析で求めることができる。ただし、A' は因子負荷量行列、E は独自因子スコア行列に相当する。したがって、有効な検索語は各因子の因子スコアの大きい印象語である。

(3) 変動係数による検索語の決定

因子分析により得られた印象語は、印象特性因子を代表する語である。一方、印象語を検索語として用いるための2番目の要件は、ユーザとシステム間で画像印象の評価値である印象度が一致することである。このことにより、評価値を属性値として用いることが可能になる。たとえば、使用頻度が高い語の印象度の一致性は、使用頻度の低い語より高いと考えられる。なぜならば日常のコミュニケーションにより、ユーザは経験的にその語の評価値を相手のリアクションから学習していく。

q 人の評価者による画像 j の h 段階で評価された印象の評価値 xij を、式（3-6）で示す。

$$xij = \sum_{k=1}^{h} fk\,wk \qquad (3\text{-}6)$$

ここで、wk ($k=1\sim h$) は、各段階の尺度値のウェイトである。fk は頻度であり、本節では、$h=5$ である。xij の変動は、画像間、評価者間で異なるが、システムに組込まれる検索語は、評価者間で一致性が高いことが必要条件である。xij の一致性が高いことは、これは n 種の画像に対する q 個の評価値の変動係数（$Cij; i=1\sim p, j=1\sim n$）が小さいことである。つまり、$n$ 種の画像に対する Cij の平均変動係数（$Cvi; i=1\sim p$）は、小さくなければならない。Cvi を式（3-7）で示す。

3.4 印象語の整理方法と検索語の設定

$$Cvi = (1/n) \sum_{j=1}^{n} Cij \quad\quad (3\text{-}7)$$

ここで， $Cij = \sigma ij / xvij$ である．

σij ： q 人の評価者による xij の標準偏差

$vxij$ ： xij の平均値

つぎに，Cij（$j=1\sim n$）と xij の関係を述べる。

図 3-9 は、4 種類の変動係数（Cij）と評価値（xij）の関係をモデル化して示している。図において、印象語が的確に全画像の印象を表現していれば、評価者間の xij は一致するので Cij は低くなる（ケース A）。一方、印象語が一部の画像群の印象を的確に表現していれば、その画像群の xij は一致して高くなるから、Cij は下がる。

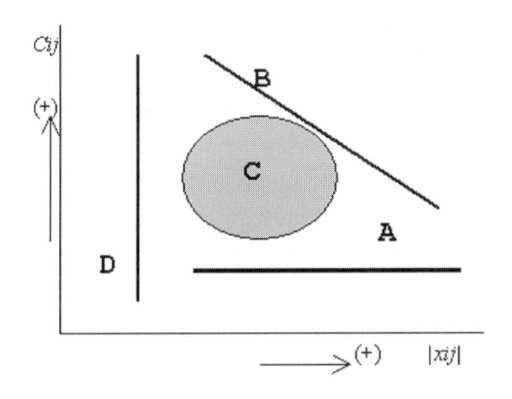

図 3-9　4 種類の Cij と xij の関係（検索語として適切なケースは A と B）

しかし他の画像に対しては、その語は適切でないから、その xij は変動して、Cij は高くなる。この時 xij は否定的に一致することもある。したがって、Cij と xij の関係は、負の相関に近くなる（ケース B）。また、あらゆる画像に対して Cij と xij の関係が不明確（ケース C）ならば、xij の一致性は低いから、その語は検索語として適さない。

さらに、あらゆる画像に対して、x_{ij} が同一ならば（ケース D）、画像は印象で判別できないから、その語は検索語としては、不適当である。つまり、検索語として適切なケースは A と B である。しかし、一般的に A に相当する印象語は、非常に少ないと考えられるから、x_{ij} がプラスならば、C_{ij} と x_{ij} が負相関である印象語は、検索語として決定する。また、x_{ij} が否定的に一致してマイナスならば、C_{ij} と x_{ij} は正の相関関係になる。したがって選ばれた印象語から検索語を決定する基準は、以下の 2 点である。

① Cvi が低いこと。
② C_{ij} と x_{ij} の相関係数が有意であること、ただし C_{ij} と x_{ij} の回帰直線の傾きは大きくないこと。

以上で印象語の収集から検索語の決定までのプロセスを述べた。これらの要約を図 3-10 に示す。

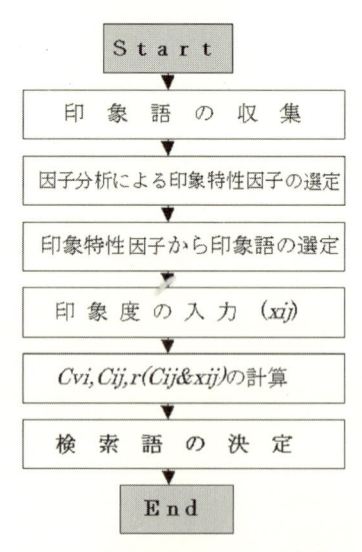

図 3-10　**印象特性因子による検索語決定プロセス**

3.4 印象語の整理方法と検索語の設定

(4) 評価

　印象語に印象特性因子を用いた検索システムの評価を行おう。

　評価方法のひとつには、画像ごとにユーザが入力した印象度と画像の属性値である印象度との照合を行えばよい。照合方法としては、両者間のユークリッド平方距離による類似性（非類似性）の測定[*11]があげられる。

　しかしこの方法による判定は、画像ごとに評価するので評価基準の設定が時間経過につれて変動していく可能性がある。何回も評価して、評価結果が安定しているシステムであれば、機械的に閾値を設定して判定することができる。しかし、そこに辿りつくまでには評価はマンパワーを必要とする。マンパワーは常に冷静に評価できるとは限らない。たとえばスタート時に設定した値を、途中で変えざるをえない状況になるかもしれない。加えて安定した評価には、判定能力の高い多くの評価者が必要である。

　これを避けるためには、マンパワーに頼る評価サイズを縮めることが効果的である。そこで小規模サイズ化して評価実験を行うため、類似画像のクラスター化による評価を試みよう[*12]。

　クラスタリングは、画像の印象度により行う。そして各クラスターが印象の類似する画像群に分かれているか判断していこう。あまり大きなサイズではない実験用データベースサンプルならば、クラスターに属する画像の類似性を評価することにより、間接的に分類に用いた印象語の評価実験を行うことができる。

　この評価の長所は、評価のレベルが安定するまで何回も評価をする必要がないこと。そして評価者は、同じクラスターの画像を比較するため、評価し易いことである。短所もある。検索結果の生の値を使わないので実際の評価ではないことである。これを避けるには、数回くらい実際の値との比較も行ったほうが良いだろう。それともうひとつ、属性データを用いるため、この根幹データが正しく画

注11
$$D = \sum_{i=1}^{m} (x_i - x'_i)^2$$

　　　ただし、　m；検索語数　　x_i；入力した印象度
　　　　　　　　x'_i；対応する画像属性の印象度
　　　　　　　　D；ユークリッド平方距離

注12　クラスター分析に関しての詳細は、本章参文献［27］［28］などを参照されたい。

像の印象を反映していることである。

　本章ではこのクラスター分析を用いた評価法で、x_{ij} により画像をクラスター化する。そして、各クラスターに属する画像の印象の類似性を評価者が測定することにより、検索語の有用性を検証する。つまり、印象情報を用いた検索に有効な印象語が設定されていれば、それらの語で分類した画像クラスターは類似の印象を有する画像群を形成するはずである。したがって、各クラスター中の印象の異なる（類似する）画像数を求めることで、クラスターの画像の一致率を求めることができる。

　i 番目のクラスターに属する Ni 個の画像のなかで、異なる印象の画像数を di とする。類似性を画像印象の一致する割合とすれば、s 人中の j 番目の評価者について、このクラスター中の画像印象が一致する率 Hij は、式（3-8）で示される。

$$Hij = (Ni - di)/Ni \qquad (3\text{-}8)$$

したがって k 個のクラスターに対する q 人全体の一致率 Ha を、式（3-9）で表す。

$$Ha = \frac{1}{sk} \sum_{i=1}^{k} \sum_{j=1}^{s} Hij \qquad (3\text{-}9)$$

　クラスターの作成は、階層的方法と非階層的方法があるが、一度作成したクラスターがその後作成されるクラスターとの矛盾を避けるため［27］、階層的方法である集積的方法を適用する。

3.4.3　検索語の設定実験

(1) 因子分析

　表3-5（p.55）のように得られた語の同意語、類似語をまとめた後、「障子」、「方眼紙」など、誰もが具体的な製品やアイテムを直接連想する語を除外した。そしてアパレルデザイナが、それらから出現頻度の低い語を削除した。そして36語が印象語として残った。

　つぎに、この印象の空間を構成する潜在的因子を探り、それらの因子から印象

3.4 印象語の整理方法と検索語の設定

特性因子を決定する。そして、その因子から有効な検索語を選定する。

印象語の出現頻度を用いて因子分析を行った。因子負荷行列の推定は、各柄間の標本相関行列を求め、主因子法で行った。因子数は得られた相関行列固有値から 1.0 以上を選んだ。Varimax 回転後の 5 因子の負荷量、共通性、寄与率等を**表 3-6** に示す。5 つの因子で印象の変動の 55%を説明している。この値は、変動全体の割合としては十分とはいえないが、10%に近い第 3 因子まで説明を試みる。なおここで柄部とは、柄を表現する黒場の部分である。

a. 第 1 因子：

因子負荷量が多い柄は、1,16,2,17,8,13,4 である。1,16,2 の負荷量は正であり、17,13,4 は負であるので、これらの柄の印象は互いに対立している。構成要素では、前者は主として面または 16 のように太い線であり、後者は、細い線と面あるいは太めの線が混在している。また線、面の形状は、前者が直線、四辺形を基調とするが後者は 8 が曲線だけであり、13,17 では破断形状の要素を含み構成要素は異なる。

b. 第 2 因子：

正の因子負荷量の大きい柄は 11、7、2 である。これらの柄の構成要素は、11 が 1 種類の太線で構成されているが 7 は数種の線で構成されている。また 2 では面だけで構成され、構成要素が共通していない。

c. 第 3 因子：

正の因子負荷量が大きい柄は、4,14,10 である。主要な構成要素は、連続した直線ではなく線分である。

第 3 章 印象情報と検索語の設定

表 3-6　因子負荷量と共通性（Varimax 回転後）

柄	第1	第2	第3	第4	第5	共通性
1	0.68	0.44	0.15	0.30	0.18	0.79
2	0.45	0.48	0.20	-0.12	0.23	0.55
17	-0.63	0.47	-0.08	0.41	0.32	0.88
8	-0.58	0.26	0.49	0.28	-0.05	0.73
13	-0.53	0.43	0.01	0.26	0.23	0.59
9	0.36	-0.02	0.34	-0.27	0.20	0.36
11	0.40	0.63	0.33	-0.14	0.36	0.82
7	-0.29	0.58	0.07	0.01	0.37	0.57
5	0.06	-0.72	0.19	0.13	0.43	0.75
18	0.18	0.30	0.18	-0.06	0.07	0.17
4	-0.47	0.12	0.63	0.17	0.17	0.69
14	-0.38	0.21	0.56	0.18	-0.11	0.57
10	-0.08	0.13	0.48	-0.04	0.09	0.27
6	0.26	-0.25	0.32	0.07	0.29	0.31
16	0.63	0.47	-0.09	0.64	-0.20	0.73
15	0.25	-0.17	0.20	0.50	0.01	0.39
3	0.09	-0.59	0.02	-0.13	0.43	0.55
12	0.19	0.21	0.07	0.06	-0.39	0.24
固有値	2.89	2.80	1.70	1.27	1.24	
寄与率(%)	16.0	15.6	9.5	7.1	6.9	
同累積(%)	16.0	31.6	41.1	48.2	55.1	

(2) 印象特性因子と印象語

各因子軸と、代表的な印象語の因子スコアとの関係を図 3-11 に示す。

図 3-11 より、第 1 因子軸（+）方向には、 規則的 のような幾何学的な表現をする印象語がシフトしている。また感覚的な表現の語として、 シンプル 、 ハード 、 暗い 、 大胆 等の印象語がシフトしている。これらの印象語は、1,2,16 などの柄を表現する[13]。印象語の意味どおり、該当する柄は 1 リピートが単純な面、線の構成要素から成り、黒場部分が多い。

注 13　表現する代表的な図柄を図 3-11 に貼り付けてある

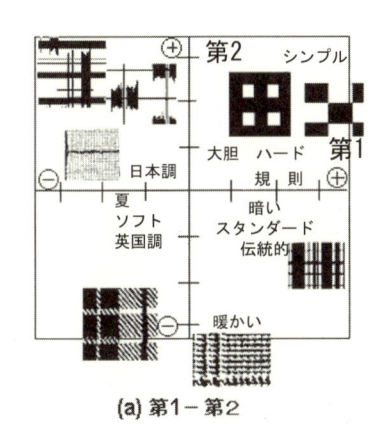

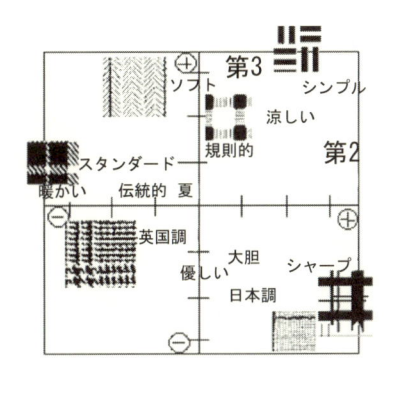

3.4 印象語の整理方法と検索語の設定

(a) 第1－第2

(b) 第2－第3

図3-11　第1、第2因子の因子スコア（a）と第2、第3因子の因子スコア（b）

（−）方向は、涼しい、夏、日本的 等の印象語がシフトしている。これらが表現する柄は、8,17,13のような和服や浴衣に使用される日本伝統柄である。主に変化に富む面や曲線、細線で構成される。以上から第1は、'大胆―繊細、あるいは'単純―複雑 のような柄の構成要素に関係する印象特性因子を表す因子と考えられる。

第2因子軸（+）方向は、涼しい、シンプル、大胆 などの感覚的な語がシフトしている。（−）方向は、暖かい、ソフト 等の官能量を表す語や 伝統的、オーソドックス のようにベーシックパターンを意味する語がシフトしている。また、具体的な国名として 英国調 の語が現れている。以上の印象語からの表現から、（+）方向が「涼しいゆかた」に代表される日本の伝統柄を含むこと、また（−）方向は「暖かい上衣」に代表される英国の伝統柄が推察できる。これらに対応する柄は、3,5の英国調の柄である。したがって、第2は '暖かさ−涼しさ のような生理的な感覚と、'伝統的（洋）― 伝統的（和） のような判断に経験を必要とする印象特性因子と考える。

図3-11と表3-6より4,10,14の図柄は第3因子で正の因子負荷量が大きい。これらを共通に示す代表的な印象語は、ソフト、涼しい、シンプル、規則的である。3と5の図柄は、第2因子で負の因子負荷量が大きい。これらを示す印象語である、暖かい、伝統的、英国調、スタンダード は、グループの印

65

象を代表する。

　この3つの因子に他の2つの因子を加えた5つの因子は、各々が独自に柄の印象を特徴付けているので、印象特性因子と判断した。そして各印象特性因子において、因子スコアの大なる25種の印象語を検索語の候補として選択した。なお、複数の因子に影響を与える語を全て削除すると印象語数が減りすぎるため、3以上の因子に影響を与える語に限定した。

(3) 変動係数Cによる検索語の決定

　評価者が回答した印象度はバラツキがあるはずである。バラツキが小さいほど評価の変動は小さいから、検索語に用いた場合は信頼性がある。そこで選択した25種の印象語についてこの変動を求めてみよう。ただし、因子分析に用いた18種の図柄の結果だけで変動を求めるには、データ数が少ないので新たに52種を加えた計70種の図柄を刺激画像とする。

　20代～50代の各年齢層より抽出した30人の回答者にたいしてアンケートを行い、25種の検索語の候補語である印象語を用いて刺激画像の印象の程度を5段階尺度で記入した。式 (3-6) より印象度Xを算出し、式 (3-7) にて変動係数Cを求めた。そして全画像にたいするCの平均値と標準偏差、およびCとXの相関性から以下の条件に合う語を検索語とした。

(a) 全画像にたいして変動が少ない語:
　Cの平均が0.35以下でCの平均の標準偏差が0.1以下の語。
(b) 変動があっても$|X|$が高まるに従い変動が小さくなる語:
　Cと$|X|$が負の相関関係にあり、Cの平均が0.35以下でXとCのF値が高度に有意な語。

　以上 (a) あるいは (b) の語は検索語とした。Cの平均が0.35以下としたのは全語のCの平均の平均をとったためである。また (a) の標準偏差が0.1である理由は、全語の約5割が0.1以下をとるためである。(b) においては、多少Cが画像により大小があっても、全体として平均が低く、特に$|X|$が高くなるほど変動が小さくなるという保証があれば検索語として使用できる。そのためには相関係数が負であり、全体変動にたいするF値が高度に有意である必要がある。これら (a)、(b) の条件に合った印象語は14語であった。余談ながら、No.8 の「すっきりした」と No.9 の「シンプル」は内容的に類似するような感じを受けるが、これ

3.4 印象語の整理方法と検索語の設定

も計算結果なので、あえてどちらも入れてある。

表 3-7 に 14 語の印象語を示す。また表 3-8 に 14 語のうち代表的な語の相関係数と F 値を示す。各印象語は負の相関であることが分かる。

図 3-12 に代表的な語の C と X の関係を示す。図 3-9（C_{ij} と x_{ij} の関係）において、B の形状に近いことが分かる。

表 3-7 選択された 14 語の印象語

番号	印象語	番号	印象語
1	重い	8	すっきりした
2	うるさい	9	シンプル
3	暖かい	10	爽やか
4	硬い	11	繊細
5	立体的	12	明るい
6	レトロ	13	平凡
7	都会的	14	女性的

表 3-8 印象語の相関係数と F-値の例

印象語	相関関係	F－値
繊　　細	-0.6870	42.91
単　　純	-0.7244	52.90
暖　か　い	-0.6216	30.16
うるさい	-0.7014	46.48
重　　い	-0.5800	24.33

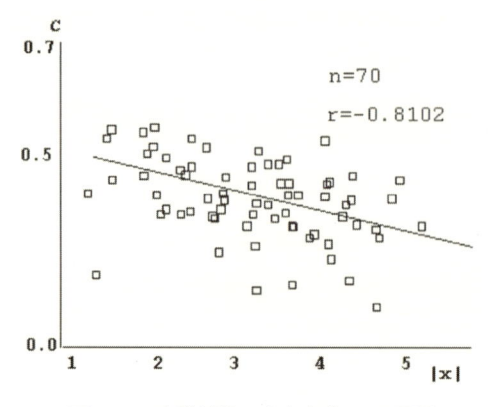

図3-12　変動係数Cと印象度|x|の関係

3.4.4　画像のクラスター化による評価

本項では2つの方法で設定した印象語の評価を行うため、各印象語で画像をクラスター化する。

(1) 印象特性因子と頻度による印象語

印象度を用いて画像をクラスタリングによりグループ化して評価する。これは、印象特性因子で設定した印象語と表3-5より自由に記入した画像アンケートから得た印象語の出現頻度の2種類である。そして、各クラスターに属する画像の印象の類似性を評価者が測定することにより、間接的に印象語の有効性を検証する。

(2) クラスター化

印象度を用いて前項の70種の画像をクラスターに分類してみる。クラスター数は柄の分野や数から決定するべきであるが、実験では柄数が少ないこともあり、目的とするクラスター数は 10 ± 2 に設定する。

クラスター化に使用する14種の印象特性因子より設定した印象語は、頻度順で抽出した印象語にかなり近い結果となった。頻度順と異なる印象語は、「すっきりした」、「都会的」、「平凡」、「女性的」の4語である。このうち「平凡」は、「個性的」の反意語と解釈すれば、14語中11語が一致している。また、頻度によって抽出した「面白い」と「個性的」も会話の中では近い使い方をすることもあるが、意味的には異なるので表中に入れてある。

表3-9で、これらの印象語を対比しておこう。

3.4 印象語の整理方法と検索語の設定

表 3-9 印象語設定手法別の印象語

番号	印象語設定手法 印象特性因子	頻度	番号	印象語設定手法 印象特性因子	頻度
1	重い	→	8	すっきりした	面白い
2	うるさい	→	9	シンプル	→
3	暖かい	→	10	爽やか	→
4	硬い	→	11	繊細	→
5	立体的	→	12	明るい	→
6	レトロ	→	13	平凡	個性的
7	都会的	英国的	14	女性的	可愛い

　これらの印象語から得た印象度と頻度を用いて、非類似度を標準化平方距離で定義し、最長距離法でクラスター化したデンドログラムを図 3-13 に示す。また同様の方法で、頻度順に得た 14 種の語の印象度を用いて、クラスター化した結果を図 3-14 に示す。

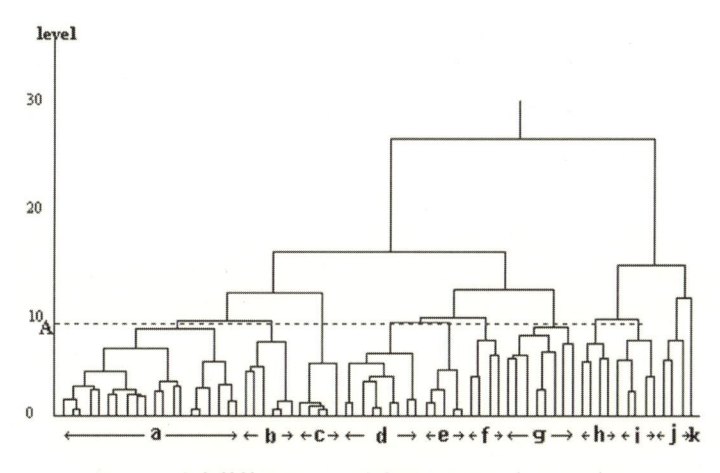

図 3-13　印象特性因子による印象語を用いたデンドログラム

　図 3-13 において、70 種の図柄を設定したクラスター数に近づけるため縦軸（Level）A でクラスター化すると、a～k の 11 クラスターが生成する。クラスター k を構成する画像は 1 つなので、最短距離のクラスター j に組込み総数 10 とした。頻度順に得た印象度データに関しても、同様にして縦軸（Level）B で A～J まで

69

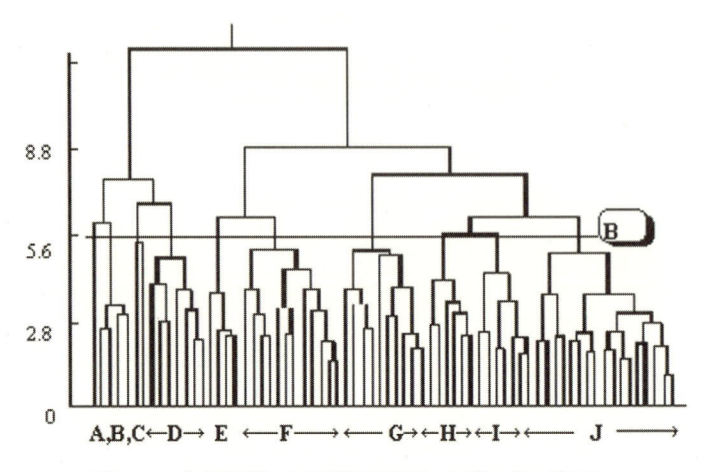

図3-14　入力頻度による印象語を用いたデンドログラム

10個のクラスターを構築した。

(3) 評価

印象特性因子によるクラスターと印象語を出現頻度順に設定した方法（以下頻度法）で構築したクラスターを比較・評価してみよう。

評価は、8人のアパレル関係者に依頼した。評価方法は、各人が2法によるクラスターの図柄の一致を評価した。つまり、評価者はクラスターに属する図柄の印象の一致性を、a; 一致する、b; 一致しない、の2カテゴリで評価した。

どちらの方法によるグループも、属する画像は近似した結果になった。代表的な印象特性因子によるクラスターの図柄を、図3-15に示す。また頻度法による図柄を、図3-16に示す。図3-15は、一目瞭然で大形縞を中心とする和風の図柄グループである。図3-16は一部に印象が異なる図柄も混入しているが、ハウンドツゥースやヘリンボーンに代表される英国伝統柄が目立つグループである。どちらも共通しているのは、似通ったレトロな柄である点であるが、頻度法の印象語である「英国的」が効いている。

次にグループ画像の印象の一致率をみてみよう。印象特性手法による Ha（一致率）は85.3%であり、頻度法による Ha は、82.5%であった。印象語が類似しているためか差は小さいが今回の実験の範囲では、印象特性因子で選定した印象語

が、頻度法と比較してグループの画像類似性は上であった。

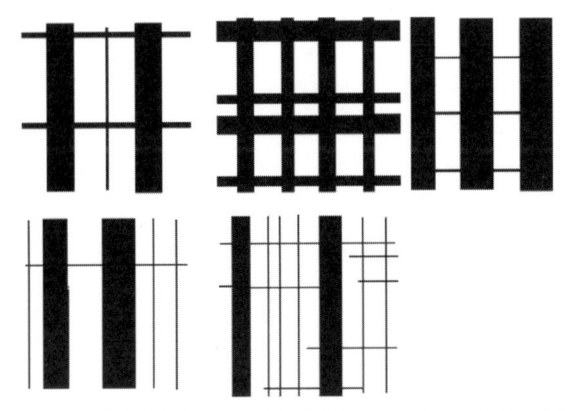

図 3-15　印象特性因子によるクラスターのチェック画像（太い縞が中心の和風の柄）

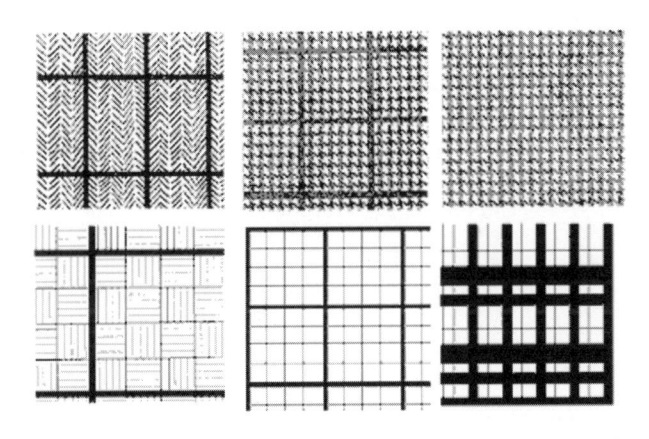

図 3-16　印象語頻度によるクラスターのチェック画像（英国伝統柄を中心とするレトロな柄）

(4) 問題点

　印象特性因子では、収集した印象語の印象度（x）の均一性を計る基準として、画像にたいする印象度の変動係数（C）の大きさを指標としている。本方法の場合、図 3-9 で説明したように C と X が負の相関関係の最も多いケースか、ある

いは全画像についてCが小さければ、Xの均一性は保証される。しかし印象語のなかには、一部の画像に関してはxが大きくCが小さいが、他の多くの画像についてはCとxの相関性が低いことがある。この語は、特定の画像を検索するには検索効率が高い。しかし、他の画像に関しては印象度の一致性が低下するため、ヒット率低下が予想される。

本実験で該当した語は「英国的」、「日本的」などであり、具体的な製品と直感的に結びつく語が多い。これらの語を本手法に利用すれば、特定分野の製品への検索効率向上は明らかであるので、上手に検索語として組込めばよい。

本章では類義語、同義語の判断を行ってはいるが厳密ではない。限られた語数で印象を表す方法を想定しているので、これらの語は一語に収束することが望ましい。また、印象語を収集した時点で流行語やローカルな語を除外しているが、専門的な分野では使用することが多いかもしれない。

3.5 印象の主成分による印象モデル

3.3節（p.43）ではモノクロドット柄の印象情報を分割表によって対数モデルで表現した。この手法はドット柄のような構成要素が限定された単純な柄に有効であることが分かった。

ここでは、やや複雑な図柄に対応する印象モデルについて議論していく。個々の画像に関してその印象情報を圧縮することで、より共通的な印象を表現する主成分ベクトルに変換して印象モデルを構築する。

はじめに印象情報を主成分で表す方法を述べる。そして具体例としてモノクロチェック柄の印象モデルを紹介する。

3.5.1 印象情報の合成

(1) 印象語と構成要素

3.2節（p.39）では、構成要素で画像の図柄を表現する方法を示した。そして3.3節では、分割表を用いて構成要素により印象を表す印象モデルを説明した。このモデルでは、多くの印象を表現するためには構成要素数やレベルの規模を拡大する必要があった。そこで、印象をコンパクトにまとめて少ない印象語で全体の

3.5 印象の主成分による印象モデル

印象情報を表現する必要が出てきた。

これを受けて、3.4節（p.52）では柄の印象情報を数個の印象特性因子で説明する方法を述べた。これは、柄全体の印象空間をいくつかの印象空間で構成する印象の潜在因子であった。印象語は、印象特性因子の一部あるいは大部分を表現する"日常的に使用する語"であった。したがって印象特性因子が的確に数量化されていれば、さまざまな角度からアパレル柄の印象が表現できることになる。結果として、ユーザ間のあいまいさが縮小して印象の一致性が高まる利点があった。

しかし、印象特性因子は抽象的な概念であるため、それにより表現される内容を誰もが同様なレベルで感受する保証は無い。そこで、個々の印象特性因子を分かりやすく表現できる代表的な印象語をそこから1つ以上抽出して、それらを用いて印象を数量化すれば、アパレル柄の印象を表現できる代表的な語を抽出することができた。

さてこれらの構成要素と印象度の設定で画像の属性は完備した。あとは、これらを使用して相互に予測可能なモデルを構築するだけである。

あらためてこれらの関係を図3-17に示す。

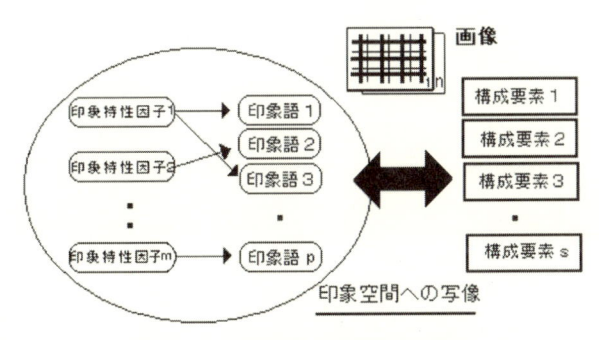

図3-17　印象空間と構成要素の関係

(2) 印象情報の合成

前節では、印象特性因子から抽出した印象語を用いて印象の類似する画像群にグループ化できることを示した。

印象特性因子を用いた理由は、多くの印象語と膨大な印象データの収集を、印象語数を減らすことによりユーザインタフェースの改善と、データベースの管理

を軽減するためであった。しかし印象特性因子を用いても、印象語を減らし過ぎれば画像の印象情報は減少せざるを得ない。その結果、印象モデルの精度低下が生じる危険性がある。

　ところで、印象全体を説明できる印象特性因子を抽出したのであるから、むしろこれらを構成要素で直接計算すれば、構成要素から印象を説明できることになる。ただし、3.3節（p.43）の印象語モデルでは説明できた印象語は少なかったから、今回は個々の印象語ではなく印象の主要な成分に置き換えよう。それでも画像の印象の概要は判別できるから、類似画像群の構築には具合が良い。そこで本節では印象全体を個々の印象語で表現せず、複数の語の印象度を合成した成分で表す方法を検討しよう。印象全体の70％～80％あたりをこれらの数個の成分で表すことができれば、個々の画像までの検索はできなくても、同一の印象を持つ画像群までは辿り着くことができるかもしれない。

　さて、印象の合成は類似する印象を合成する作業である。たとえば、"古典的な伝統柄"を表す合成成分であるならば、印象語に置き換えれば「レトロ」や「和風」あるいは「英国的」が適切かもしれない。あるいは「都会的」や「現代的」も関連している可能性がある。そこでこれらの印象度の相関性を求めることで類似する変量（=印象語）を見出し、各変量にウェイトをかけてやればよい。これは、因子分析の親戚ともいえる主成分分析[*14]を用いればよいだろう。

　前節で印象特性因子から設定した印象語が、因子分析を用いた場合に他の画像にも通用するか試してみよう。無論14語の印象語は前節と同じである。対象とする画像は、印象語の設定が同じ分野の図柄を用いる。これは印象特性因子から抽出した語であるから、対象分野が異なる画像では、因子自体測定し直す必要があるからである。

　図形の印象を説明するために、全印象情報を数個の印象語の持つ情報を集約した情報のトータルとして表現する。つまり前節で選択した14の印象語の情報を集約して、数個の合成した情報に変換する。因子空間から選択する印象語が既に整理されているため、作成されるモデルを直感的に説明しやすい理由から、一次結合による線形合成で行ってみる。

　図形からの反応量（$X_k; k=1～p$）を因子空間から求めた図形群の特徴を説明す

注14　主成分分析に関する文献は、[13] [27] [29] などを参考にされたい。

3.5 印象の主成分による印象モデル

るp個の語から得た情報量とすれば、m個の圧縮された情報（$Fj;j=1 \sim m$）は式(3-10)の線形モデルで表すことができる。

$$Fj = \sum_{k=1}^{p} akXk + d \qquad (3\text{-}10)$$

ただし　ak：係数
　　　　　d　：定数項

ここでFjへの変動に対する影響が大きいakが求まればFjの数量化が可能となる。またXkは印象度にあたり、これは印象の変動に対する潜在的な因子の変数であるから、変数相互間の関連性は高い。従って、Fjが互いに独立した空間に配置するならば、それはp個の印象語で表す情報を圧縮した主成分とみなすことができるので［29］、Fjの分散を最大にする固有値を求めak,dを決定すればよい。これより図形は、数個の圧縮された印象の合成情報で表現できるので、個々の印象語による表現よりも、印象の解釈において個人差が小さく、印象の多くを説明した変数で説明可能となる。

ここでjの個数は主成分空間の次元に相当する。次元数が多いほど図形の印象を反映する割合は高くなるが、検索効率は低下する。そこで主成分空間において寄与率の大きさの順に固有値ベクトルをとり、その累積寄与率に閾値を設けてjを決定する。

(3)　主成分分析

画像は、前節に用いたモノクロチェック画像の半分を入れ替えて、その中からランダムに60種選択した。新たに加えられた画像は、他と同様に14の印象語に関して尺度値を付与した。

印象度により各柄について主成分分析を行った。分析は、すべての変数の測定単位が同じであること、および各変数の柄による分散の違いも重要な情報と考え、分散共分散行列で解析した。

固有値の大きい順に4つの主成分を選ぶと、累積寄与率は79.8%になる。これらの主成分に対して固有ベクトルの大きい変量と、各柄の主成分スコアを照合し

て意味付けを行った。第二成分は、オズグッドの評価性の因子[*15]に相当する成分とも思えるが、素材の季節感を表現する語が関与していると考えて"素材感"としている。結果は以下のとおりである。

表 3-10　主成分の推測

固有ベクトル番号	大きい変量 (＋)	同 (−)	推測される成分
1	重い うるさい	すっきりした シンプル	複雑−単純性
2	レトロ 暖かい	爽やか 明るい	素材感
3	暖かい 女性的	現代的 硬い	優しさ
4	うるさい 明るい	女性的 レトロ	動−静

以上の結果、4つの主成分により刺激柄の印象の8割を説明できることが分かった。

3.5.2　数量化第Ⅰ類による印象モデル

(1) 構成要素と印象の関係

構成要素の選定は、同じ幅のストライプ柄のように誰が選定しても同一結果を出す図柄もあるが、これらのほうがむしろ少数派であろう。今回の実験ではモノクロ柄であるから色の情報は除くので比較的楽である。しかしそれでも60種について誰もが一致する構成要素を選定することは困難である。このような幾何学的パターンを{1,0}の論理関数で表現する手法もあるが［30］、和風柄のような複雑な模様もあり全画像に適用するには難しい。そこで、構成要素の選定は、検索語選定のように経験の深いデザイナ3人によりチェック柄を作成する際に重点を置く要素を対話形式で取り出した。

基本構図［31］にもとづき、構成要素の単位である直線、曲線、面、点などの

注15　アメリカ心理学者のオズグッド（Osgood（1957））は、SD法（Semantic Differential）を発表して、アンケート調査などの結果を定量的に扱うことを提案した。これを用いて得られたデータを因子分析した結果、分析概念が変わっても次の三因子が得られたことを報告している。(＊Evaluation ＊Potency ＊Activity)

構成部品を選択した。つぎにそれらの位置関係を検討して、内容が類似する構成要素は整理して、最終的に 29 種にまとめた。No.28 の画像について代表的な構成要素と、その図を表 3-11 と図 3-18 に示す。

表 3-11　No.28 チェック柄の構成要素例

構成要素	例	構成要素	例
直線[*1]の長さ	最長	よこ方向細線数	1
直線数	5	完全白場面積	120
面形状	—	たて方向太線・細線間隔比	100
構成部品たて・よこ長さ比	—	よこ方向太線・細線間隔比	—
リピート[*2]の大きさ	377	リピートの複雑度[*3]	100
たて方向平均間隔	35	リピートの輪郭長	194
よこ方向平均間隔	30	黒場率[*4]	25
たて方向最小間隔	30	直線部黒場面積	94
構成部品の種類	2	構成要素連続性	連続
構成部品総数	29	構成部品長の同一性[*5]	同一
リピート数	18	構成要素の方向性[*6]	たて・よこ

*1　一番多く用いられた直線
*2　柄を構成する最小単位
*3　複雑度＝輪郭長^2／面積
*4　黒場率＝（リピートの黒場面積／リピートの大きさ）×100％
*5　たて，よこの構成部品長軸方向長さの同一性
*6　最多構成要素の長軸方向

第 3 章 印象情報と検索語の設定

図 3-18　No.28 **モノクロチェック柄**

(2)　数量化第Ⅰ類による印象モデル

　構成要素を 2〜4 のカテゴリに納まるように尺度化し、主成分 F_i（$i=1〜4$）を被説明変数として林の数量化第Ⅰ類[*16]を適用した。なお計算に先だって、説明変数である構成要素 x_k（$k=1〜29$）について X^2 検定を行い、各変数の独立性を確認した。主成分の出力結果から説明変数間の相関係数が小さく、被説明変数との相関係数が大なることを確認して以下の 4 モデルを選択した。

複雑さ： $F_1=f_1(x_3,x_8,x_9,x_{10},x_{14},x_{16},x_{22},x_{24},x_{25},x_{27},x_{29},e_1)$
　　　　　　　　　　　　　　　(R=0.9113)　　　　　(3-11)

評価性： $F_2=f_2(x_2,x_9,x_{10},x_{14},x_{15},x_{20},x_{21},x_{23},x_{24},x_{29},e_2)$
　　　　　　　　　　　　　(R=0.9300)　　　　　(3-12)

優しさ： $F_3=f_3(x_3,x_8,x_9,x_{11},x_{12},x_{15},x_{16},x_{18},x_{19},x_{21},x_{23},x_{25},x_{27},x_{28},x_{29},e_3)$
　　　　　　　　　　　　　　　(R=0.9442)　　　　　(3-13)

動−静

注 16　林の数量化第Ⅰ類については、たとえば参考文献［29］などを参照されたい。

$$F_4 = f_3(x_6, x_8, x_9, x_{10}, x_{12}, x_{14}, x_{15}, x_{16}, x_{19}, x_{20}, x_{22}, x_{23}, x_{24}, x_{25}, x_{27}, x_{29}, e_4)$$

(R=0.9148)　　(3-14)

　　ただし　　e_i:定数項
　　　　　　　R:重相関係数

各モデル式について、重相関係数は全て 0.9 以上であり、予測精度の向上が期待できるので予測を行う前に、主成分のシミュレーションを行った。柄 60 点について式（3-15）で誤差率 e を求めた。

$$e(\%) = (PC - PS) / PC \quad (3\text{-}15)$$

　　ただし，PC :主成分スコア
　　　　　　PS :シミュレーション値

その結果、誤差率が 30% 以内における全画像数の割合は、第 1 主成分で 37%、第 2 主成分で 42%、第 3 主成分および第 4 主成分で 47% であった。また、誤差率 50% 以内の画像数の割合は、第 1 主成分で 60%、第 2 主成分で 68%、第 3 主成分で 70%、第 4 主成分で 62% であった。主成分の誤差率のレベルについて明確な基準を定めることは困難である。しかし誤差率 30% で画像全体の約 4 割〜5 割、50% で 6 割〜7 割がカバーできることは、印象という心理的尺度のバラツキを考慮すれば上式の印象モデルは精度的には満足の領域にあるのではないだろうか。

図 3-19 に第 1 主成分のシミュレーション結果を示す。

第3章 印象情報と検索語の設定

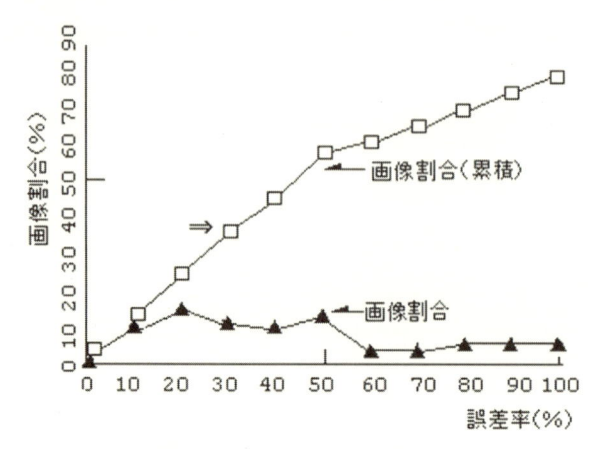

図3-19 第1主成分のシミュレーション結果
（誤差率30%以内で画像割合（累積）37%を示す。）

(3) 主成分の予測

　印象モデルを検索システムに実装して、目的画像の属性データ構築を行うには、印象情報である主成分を予測する必要がある。そこで、できた4印象モデルを用いて印象度未知の画像について主成分の予測を行った。

　任意に選択した20種類のモノクロチェック柄について構成要素値を計測し、アンケートにより主成分を算出した。結果を表3-12に示す。そして、カテゴリ化した構成要素値をモデル式に代入して誤差率を算出した。

3.5 印象の主成分による印象モデル

表3-12 主成分分析結果

印象語	固有ベクトル1	固有ベクトル2	固有ベクトル3	固有ベクトル4
1	.44039	.01833	-.23090	-.20199
2	.34393	.18234	.26171	.51563
3	.28339	.32369	.26171	.51563
4	.28109	.07488	-.35870	.31036
5	.25323	.18203	.08258	.19033
6	.00900	.37158	-.02585	-.33023
7	.04025	.58426	-.55283	-.12681
8	-.42049	.08743	-.10468	-.09059
9	-36696	.18209	-.10468	-.09059
10	-.28917	.17020	-.07469	.16791
11	-.21060	.16487	.23758	.21462
12	-.13006	.30437	.11815	.36002
13	-.07841	.29707	.02281	.15231
14	-.02368	.25618	.40627	-.34073
固有値	44.1149	30.1782	10.0926	7.0377
累積寄与率(%)	38.5	64.8	73.6	79.8

　その結果誤差率50%以内が第1主成分で50%、第2主成分で40%、第3主成分で50%、第4主成分で30%であった。

　これらの結果はシミュレーション結果に較べて低い。その要因としてアンケートによる印象度のバラツキや予測に用いた柄の構成要素に偏りがあり、新規の柄への対応が十分ではなかったことが考えられる。図3-20にNo.1～10までの第一主成分スコアの予測値と観測値の結果を示す。

81

第3章 印象情報と検索語の設定

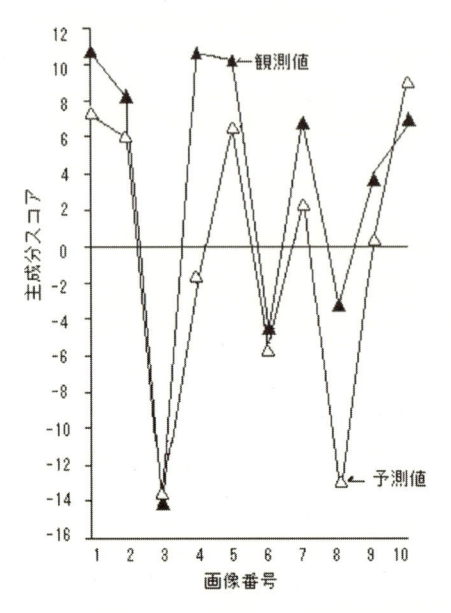

図 3-20　主成分スコア（第一）の予測値と観測値

3.5.3　問題点

　本項では、画像の印象を主要な印象語の印象度で主成分分析を行い、数個の合成した印象で表した。そして、合成した印象の予測は構成要素を説明変数とした印象モデルで行った。

　4つの主成分で全体の印象の80%を説明することができた。印象モデルによりこれらの主成分の予測をおこなった結果は、シミュレーション結果に較べて低かった。その要因としてアンケートの印象度のバラツキや構成要素の抽出結果に偏りがあり、さまざまな柄への対応が不十分であったと考えらえる。

　個々の印象を拾っていくよりも、主成分としてまとめた印象情報を扱う方が、広範囲の画像を検索することができる。一方画像の絞込みが甘いので、目的画像のヒット率は低下する。しかし印象の異なる主成分を複数用いることで、このデメリットを低下することが可能である。この点に関しては、第5章で例をあげて説明する。

3.6 第3章のまとめ

本章では、検索語の設定手法と、印象情報と図柄の情報を定量化する方法を説明した。そして、2章に続けてモノクロアパレル柄を用いてそれらを相互に予測するモデルを構築した。

図柄を構成する点、線、面の色、形状などの属性とそれらの組合せから生ずる配置あるいは物理量を構成要素と定義した。印象情報を構成要素で表現するため、構成要素の特徴別に二種類のモデルを議論した。

一つは分割表による方法である。これは構成要素をカテゴリ化して、各構成要素とそれらの相互作用を変数とする対数モデルである。このモデルは、構成要素が単純な図柄でその数が少ない場合に効果的である。ドット柄に応用した結果、一部の構成要素を除き良好な結果が得られた。

他のアプローチは、構成要素が複雑な図柄に対応する主成分分析を用いた手法である。これは個々の印象語の持つ情報を圧縮して、より共通的な印象を表現する主成分で印象モデルを構築する手法である。

図柄を構成要素に分解し、それらを用いて印象の主成分を説明することにより、図柄から印象の抽出が可能になる。そこで林の数量化理論I類を適用して、印象の主成分を線型モデルで表した。

具体的な実用例としてモノクロチェック柄で印象モデルを構築した。4つの主成分が得られ、これらで印象情報の8割が説明できた。構築したモデルで主成分の予測を行ったが、シミュレーション以上の結果は得られなかった。

第3章参考文献

[1] 色彩と性格については以下の文献をはじめ、非常に多い。たとえば、松岡武 "色彩とパーソナリティー-色でさぐるイメージの世界-"、金子書房（1983）

[2] 杉田繁治 "知識・感性データベースの協調による創作支援システムの研究"、文部省科研費、感性情報処理の情報学・心理学的研究 （1994）251

[3] 加藤眞一、石井眞人、石浜立資、神宮寺勝紀他 "コンピュータによるデザイン企画のシステム化"、東京都立繊維工業試験場研究報告 Vol.41, (1992) 93-95

[4] 高橋友一、島則之、岸辺文郎 "位置関係を利用した画像データベース検索システ

ム"、グラフィックスと CAD,42-4 (1989)

［5］ C.H.C.Leung,D.Hibler, and N.Mwara , "Picture retrieval by content description", *Journal of Information Science*, (1992) 111-119

［6］ Mei C.Chuah, Steven F. Roth, John Kolojejchick, Joe Matteis and Otavio Juarez,. "SageBook: Searching Date-Graphics by Content", *Human Factors in Computing Systems* CHI 95, (1995) 338-345

［7］ 近藤邦雄他 "感性検索を用いたデザイン画データベースシステム"、感性工学研究フォーラムシンポジウム, (1994)

［8］ H.Nakatani and Y.Itoh "An image retrieval system that accepts natural language" ,*AAAI-94 Workshop on Integration of Natural Language and Vision Processing* , (1994) 7-13

［9］ 石井眞人、近藤邦雄他 "印象語によるアパレル柄分類の試み"、図学会定例会資料, (1994)

［10］ 田中早苗、赤見仁 "衣服設計用データベースの評価"、東京家政大学研究紀要 Vol.2, (1993) 83-90

［11］ 磯本征雄、野崎浩成、長谷川聖美、石井直宏、吉根勝美、横山清子 "画材教材データベースの情報検索に使われる印象語に関する考察"、信学技報 (1995) ET95-35

［12］ 石井眞人 "あいまいな画像検索に対応するユーザインタフェース"、相模女子大学紀 70 巻 A, (2007) 121-128

［13］ たとえば、高根芳雄、柳井晴夫著 "現代人の統計2 新版多変量解析"、朝倉書店

［14］ 石井眞人、近藤邦雄、佐藤尚、島田静雄"印象語によるチェック柄分類の試み 、図学研究 70, (1995)

［15］ 佐々木久子（無意味な線図形のイメージ形成要因に関する実験的研究、（電子技術総合研究所彙報 49, (1985)

［16］ Robert L.Solso"Cognition and the Visual Arts" ,MIT Press （日本語訳、鈴木光太郎訳:脳は絵をどのように理解するか、新曜社, 35,87-92）

［17］ Douglas A Lyon"Image Processing in Java",prentice Hall (1999)

［18］ 甘利俊一、麻生英樹、津田宏治、村田昇"パターン認識と学習の統計学"、岩波書店, (2003)

［19］ 真鍋一男 "デザイン技法講座（1）ベーシックデザイン"、美術出版社, (1965)

109-113

[20] 栗田多喜夫、下垣弘行、加藤俊一 "主観的類似度に適応した画像検索"、情報処理学会論文誌 31,（1990）227

[21] 乙益絹代 "模様の視覚効果に関する基礎的研究"、熊本女子大学学術紀要 44,（1992）197

[22] 小菅啓子 "水玉柄のイメージに関する研究"、日本繊維製品消費科学会誌,31,（1990）427

[23] 石井眞人、近藤邦雄、佐藤尚、島田静雄"テキスタイル柄の嗜好調査と印象語の分析"、グラフィックスと CAD、情報処理学会,（1994）70-8

[24] 星創栄"A DESIGN SOURCE BOOK（CHECK AND STRIPE）vol.1"、京都書院（1992）60-109

[25] （株）カイガイ発行編集"MADRAS CHECK AND STRIPE"（1991）

[26] Susan Meller"TEXTILE DESIGNS",Dohosha（1991）200-210

[27] 奥野忠一編"応用統計ハンドブック"、養賢堂,（1978）328-348

[28] 宮本定明"クラスター分析入門-ファジィクラスタリングの理論と応用"、森北出版,（1999）

[29] 駒澤勉他 "パソコン数量化分析"、朝倉書店、（1988）7-11,43

[30] M..ミンスキー,S..パパート"パーセプトロン"、パーソナルメディア,（1998）18-21

[31] 窪田宏、藤田茂、小林洋子"テキスタイルデザイン構成と製品イメージ"、東京都立繊維工業試験場研究報告 Vol.43,（1996）

[32] 杉野芳子"図解服飾用語事典"、鎌倉書房,（1993）

85

第4章
印象情報と構成要素の関係

　前章では、検索語を選定する方法について議論した。本章では、服地検索システムの設計において目的の服地画像とその印象情報の関係を説明する。そして、構成要素を選定する方法を述べる。

　服地データが数十種類の規模であれば、画像の特徴、属性データを人に頼ることはそれほど大変なことではない。しかし、数百、数千の規模に拡大した場合、なんらかの省力化は必要である。

　すべてを人に頼ることは、図柄の構成要素の分析や、画像から受ける印象などの感性情報をアンケートなどにより取得しなければならない。長年に渡ってこれらの構成要素と感性情報のデータについて整合性を保っていくことは、第一に人材の面でなかなか困難である。

　ある製品を評価する人の感覚を常に一定レベルに継続するには、その人の努力も相当なものであるが、同時に評価環境も一定に保つ必要がある。繊維のように対象とする製品が温度・湿度にたいして影響を受けやすいときは、その管理に神経を配る必要がある。本書で対象とする衣服生地は、JISによれば一般に20C65%RHの環境で試験を行うことになっている。許容範囲があるにせよ、通年でこの環境を実現することは、一部の企業以外では実現が厳しい。

　たとえこれが実現可能であるにせよ、常に同一の感覚を保持できる評価者はそう簡単には育成できない。そこで、評価者を増加してその平均を出すことにより、評価者間の凹凸を減少する方法をとることになるが、このときも評価者の人数が課題になる。

　本章では、これらの省力化を図るため、画像から構成要素の情報を得る方法について述べる。この分野ではパターン認識や画像処理に関する多くの研究成果が発表されているので、具体的な手法や理論に関しては、本書の目的とするところ

第 4 章 印象情報と構成要素の関係

では無い。本書で主として説明するのは、2 章、3 章で説明した基本的な 3 種の図柄の構成要素に関する処理である。

4.1 はじめに

　図柄から構成要素を抽出するには、可能な限り人の手を使わないことが望ましいが、図柄によってはある程度はインタラクティブに処理していく必要がある。今回使用したモノクロ画像は、その大部分が単純なリピートであって構成要素を取り出すことは容易である。しかし、なかにはチェック柄のような複雑な図柄もあり、一部の構成要素は人手を必要とする場合も少なくない。

　チェック柄では、図 4-1 のような直線と曲線が不規則に用いられる図柄も多く、これらの多くは構成要素の自動抽出は困難であった。

図 4-1　**構成要素抽出が困難な柄の例**

　また、構成要素と印象を関連付けるには、第 3 章で述べたように構成要素をカテゴリ化した後、線形モデルなどで関連付ける必要がある。このとき、観測値とモデルから計算された理論値との誤差の縮小化も課題である。別の見方として、構成要素をカテゴリに振り分けずに観測値を用いることも可能である。しかし本章では、これらについては厳密なアプローチは試みていない。

4.2 構成要素の計測

4.2.1 構成要素と計測方法

(1) 構成要素の判断

　画像の構成要素については第 2 章で述べたが、本章では構成要素のリピート単位で図柄の特徴を計測する。ここで再度一般的なチェック柄を例にとって、構成要素とリピートの関係を、図 *4-2* に示す。

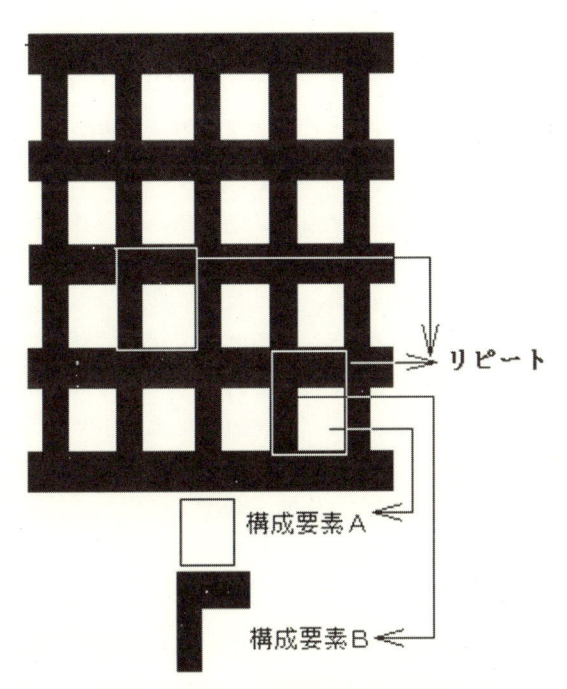

図 4-2　チェック柄の構成要素とリピート

　図 *4-2* の単純なチェック柄では構成要素の判断は簡単であり、2 種類で済む。構成要素 A は地として認識すれば、構成要素は B だけになる。しかし、同じようなチェック柄でも次のシェファード柄になると、いくつかの判断が出てくる。

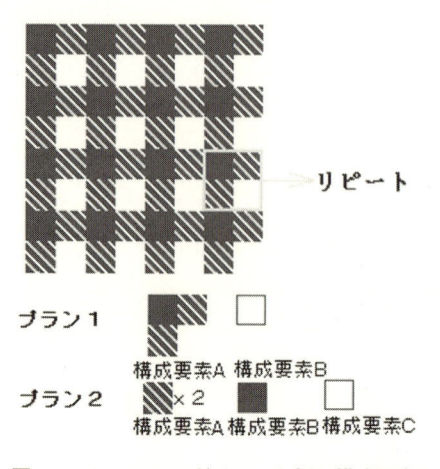

図4-3 シェファードチェック柄の構成要素と
リピート

　図 *4-3*（口絵も参照）のシェファードチェック柄では、リピートの構成がプラン1、プラン2のようにも判断できる。プラン1は図 *4-2* と同じ判断であるが、プラン2では、プラン1の構成要素Aを3つに分けてとらえている。もちろん図 *4-2* のように、白い構成要素を地として認識することも可能である。

　この判断についての良い悪いは無い。構成要素は、各人が利用・管理するので設定は自由である。しかし構成要素はリピートを形作る属性を伴う単位であるから、他の画像特徴に共通の構成部品を用いることが画像データの保守を容易にする。

　ただし構成要素を用いて図柄を文字情報で表現する場合は、あらかじめ基本的な構成要素のルール作りがあると混乱が少ない。これについては、後の節で述べる。

(2) 構成要素の計測

　構成要素の計測は特別な機器を用いるわけではなく、パーソナルコンピュータとカメラの組合せ［1］である。なお、図 *4-1* のように自動的に数量化できない構成要素については、一部マニュアル操作により計測せざるをえない。計測システムを図 *4-4* に示す。

　計測は、TVカメラとCCU（Camera Control Unit）から成る画像入力部、および画像処理部、構成要素認識部から成るパーソナルコンピュータで構成される。画像入力部では、画像を直接カメラから取り込み、CCUで輝度調整を行った後、

入力画像の2値化、白黒反転などの処理を行い、構成要素を認識しやすい画像に変換することもある。たとえばチェック柄のように線や面が交差する図柄は処理対象が多い。

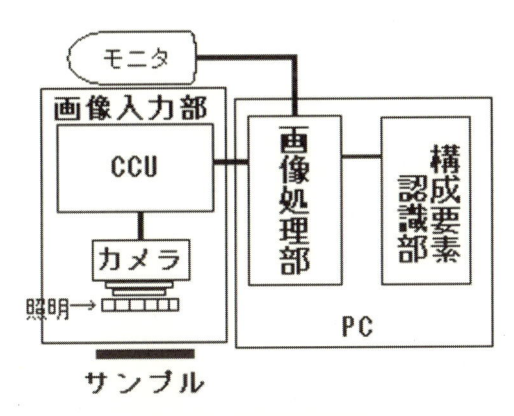

図 4-4 構成要素の計測

画像処理部では、取り込まれた構成要素の計測を行うため、モニタの上部より下部にラベリングすることも可能である。ユーザはモニタに表示された画像を見て、認識する構成部品番号を入力する。なお主な計測項目は、画像処理部で関数化されている。

画像はあらかじめ外部メディアに落とし込めば、パーソナルコンピュータ1台の用意でまったく問題無い。また、使用する画像処理関連のソフトウェアもフリーや有料を含めて様々であるから、コンピューティング環境[1]と計測対象に合ったソフトを選べばよい。

4.2.2 構成要素の計測項目

アパレル柄のような団塊図形から構成要素を抽出する手法はこれまで多くの研究結果が発表され、多くが実用化されている。本書でも一般化された手法を活用しているが、これらが全部の構成要素の抽出に対応しているわけではない。同じ図柄であっても一部は自動的に計測可能であるが、他の構成要素は手動で抽出することも珍しくない。

注1　本書で用いたOSは、Microsoft社のWindowsとCentOSおよびKnoppixである。

第4章 印象情報と構成要素の関係

　モノクロ柄については、コンピュータで作成した柄は別として、写真から取り込んだサンプルは、ノイズ除去のため2値画像に変換後、収縮、膨張処理を行う場合もある。柄別でいえば、ドット柄のようにその多くが単純な構成部品から成る画像の構成要素の計測は、ほぼ自動的にできる。ストライプ柄も大部分がドット柄と同様に単純な構成のため、自動的に計測が可能である場合が多い。しかし、チェック柄のように複雑な構成要素も含む図柄は、マニュアル計測と併用した抽出手段が欠かせない。

　素材では、縮緬のように生地が縮むことで表面に凹凸が出ている布は、生地と図柄との判別が難しくなる。そこで、ライティングやコントラストで調整して、計測しやすい画像に変換する場合が出てくる（**図4-5**（a）〜（c））（口絵も参照）。プリーツ加工や皺（シワ）加工も同様である。

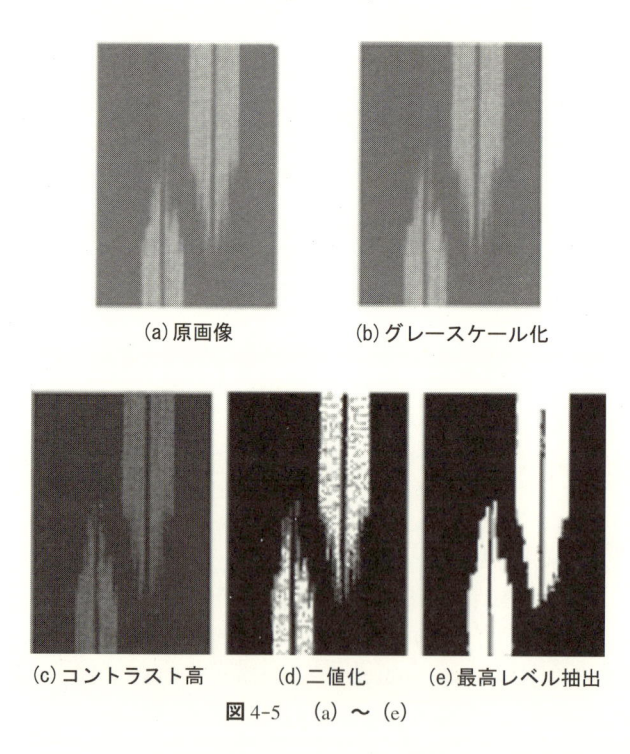

(a) 原画像　　(b) グレースケール化

(c) コントラスト高　(d) 二値化　(e) 最高レベル抽出

図4-5　(a)〜(e)

　表面が起毛加工やシャーリング処理をしてある素材は、構成要素の輪郭がはっきりしないこともあるのでフィルタリングが必要であるかもしれない。この他、

4.2 構成要素の計測

構成要素の抽出とは直接関係ないが、意外と質感が出にくい素材が、単純な平織地や平編地であるので画像ファイルに保存する場合は注意が必要である。

本章で用いた主なドット柄の構成要素抽出手法を**表** *4-1* に示す。第 3 章のモノクロよりも多様な柄を対象としているため、構成要素数も増加している。処理画面を**図** *4-6*（口絵も参照）に示す。同じくストライプ柄を**表** *4-2* に示す。その処理画面を**図** *4-7*（口絵も参照）に示す。最後にチェック柄を**表** *4-3* に示す。その処理画面を RGB 分析順に**図** *4-8*（a）〜（c）（口絵も参照）に示す。

なお計測手法の詳細な解説は、他の専門書を参照されたい。

表 4-1　ドット柄の主な構成要素と計測法

構成要素	計測法
ドット柄の大きさ	ドットの画素数
ドット間隙	ドット間の画素数
ドット形状	ドットの円形度[*1]
ドット密度	一定間隔あたりのドット画素数の占める割合（%）
ドットの方向	ドットの長径と短径の比
ドット（地）カラー	ドット（地）の画素値

[*1] $e = 4\pi r/l^2$　　e ；円形度
　　　r ；ドットの半径（画素数）
　　　l ；ドットの周囲長（画素数）
　　真円ならば 1 となる.

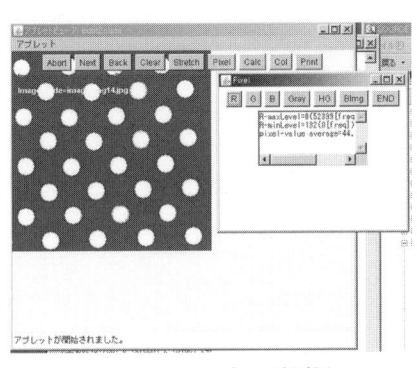

図 4-6　ドット柄の計測例

第 4 章 印象情報と構成要素の関係

表 4-2 ストライプ柄の主な構成要素と計測法

構成要素	計測法
ストライプ柄の大きさ	ストライプ幅の画素数
ストライプ間隙	ストライプ間の画素数
ストライプ密度	一定間隔あたりのストライプ数
ストライプの方向	ストライプの長幅と短幅の比
ストライプ（地）カラー	ストライプ（地）の画素値

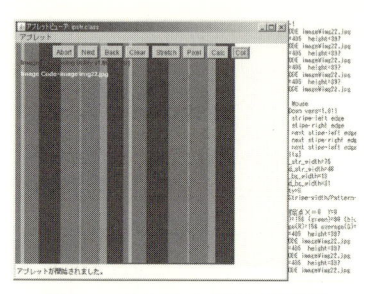

図 4-7　ストライプ柄の計測例

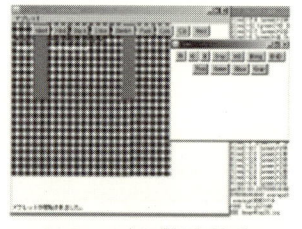

(a) チェック柄の計測例（R）

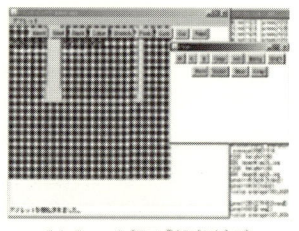

(b) チェック柄の計測例（G）

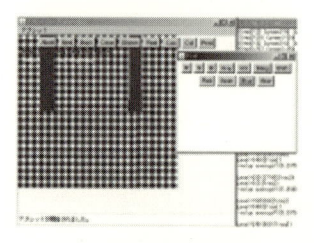

(c) チェック柄の計測例（B）

図 4-8　チェック柄の計測例（各図に RGB のヒストグラムが描かれてある。）

94

4.2 構成要素の計測

表 4-3 チェック柄の主な構成要素と計測法

構成要素	計測法
チェック柄の大きさ	1リピートの画素数
チェック間隙	たて，よこ柄間の画素数
チェック密度	一定間隔あたりのリピート数 （一部の柄では構成部品数）
チェックの方向	ストライプで囲まれた成分の 長幅と短幅の比
その他の形状	フーリエ記述子[*1]，フェレ径[*2]

[*1] チェック柄中に閉曲線の構成要素が含まれている場合に用いることがある．以下に測定に用いる式を示す．

$$\theta n(l) = \sum \{x_k \cos(2\pi k(l/L)) + y_n \sin(2\pi k(l/L))\}$$

$\theta n(l)$ ；正規化偏角変数
L ；輪郭線長
l ；輪郭線上の点から進んだ距離
θn ；l進んだ点の接線の偏角
x_k, y_n ；特徴量

[*2] 構成要素に外接する外接四角形の水平方向と垂直方向の長さ．

構成要素の外接四角形（長方形または正方形）の重心を通る軸νの軸方向のフェレ径（軸νの軸方向の径）を$hl(\alpha)$，軸に垂直方向のフェレ径を$vl(\alpha)$とする．αは，重心を中心とする軸νの回転角である．軸νを回転させれば（$0 \leq \alpha \leq 360$），両軸方向のフェレ径は角度ごとに変化する．アパレル図柄のような比較的輪郭線が単純な，あるいは規則性のあるオブジェクトならば，一定の角度においてオブジェクトの形状特徴と，フェレ径との関連を把握することができるので，オブジェクト形状をαとフェレ径から推測することができる[1]．円認識の例を以下に示す（この例ではαを変化しても同じ値になる）．

チェック柄では少数の図柄に楕円や四辺形の構成要素が組み込まれている場合に適用することもある．

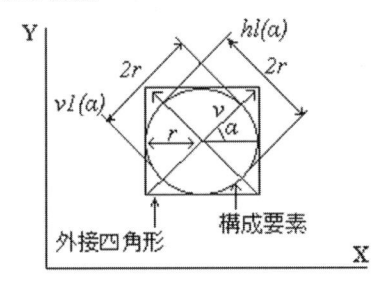

選択された構成要素は、どれもが画像の印象に関連すると考えられるから、ユーザ入力値が数値で表現されるならば、構成要素を印象度で線形モデル、または非線型モデルとして表すことができる。次節では、モデル構築と保守の容易さから、前章に用いた重回帰モデルの構築を紹介する。

4.3 構成要素の整理と印象情報予測モデル

3.5節では、29種の構成要素を用いて、印象の主成分を予測する印象モデルを構築した。その結果、複雑-単純性などの4つの主成分を予測することができた。しかし、より実践的なモデルを目指すならば、入力項目が29種類の構成要素では多すぎる。計測作業量も大変な負担であるが、印象を予測するにも多くの項目を入力することになる。

これまでは、印象情報をコンパクト化するために因子分析と主成分分析を用いて整理してきた。本節では逆に構成要素を整理してみよう。必要な構成要素に整理することで、印象情報を予測する作業量が大幅に低下する可能性がある。

本節では、前章で説明した構成要素の測定項目を整理してモノトーン図柄の印象を予測するモデルを構築する。アンケート結果から得られた印象度と、抽出した構成要素との関係を3.5章と同様に線形モデルで表現する。

4.3.1 印象情報と構成要素

(1) 印象語と画像

印象語も少し変えてみよう。3章でモノクロチェック柄の印象特性因子から抽出した語と、頻度順で抽出した語を混在させてみる。14語中11語が一致しているのであまり変わらないが、表 *4-4* に印象語を再度掲載する。画像も同じく3章で用いた70種のモノクロチェック柄である。

4.3 構成要素の整理と印象情報予測モデル

表4-4 アンケートに用いた印象語（第3章再録）

変数	印象語	変数	印象語
y1	女性的	y8	硬い
y2	可愛い	y9	英国調
y3	単純な	y10	重い
y4	涼しい	y11	平凡な
y5	爽やかな	y12	明るい
y6	繊細な	y13	立体的な
y7	夏向きの	y14	大胆な

(2) 因子分析による構成要素の選定

構成要素は、3.5節の29種でスタートする。

計測した構成要素数では多すぎてモデルへの入力は実際的ではない。ユーザ[2]が入力する項目は、値を直に入力するのであれば最大でも15が限度であろう。また、ボタンやスライドバーなどのインタフェース入力であれば20位ではないだろうか。それ以上入力項目があるならば、印象度を直接入力してもユーザの負担はあまり変わらなくなる。

そこで29の構成要素数を少なくするため、再び因子分析を適用しよう。因子行列は相関行列を用いてバリマックス回転を行うと、第4因子までの累積寄与率は72%であった。得られた因子より、各因子で因子負荷量の大きな構成要素2つを選択した。この選択方法も3章の印象特性因子から印象語を抽出する方法と同様に行っている。因子分析結果を表4-5に示す。選択した構成要素を表4-6に示す。

表4-5 構成要素の因子分析結果

	固有値	寄与率	同累積
第1因子	3.51366	0.2232	0.2232
第2因子	3.20487	0.2036	0.4268
第3因子	2.89655	0.1840	0.6108
第4因子	1.73613	0.1103	0.7211

注2　この場合のユーザは素材画像の検索側ではなく、画像データの管理側である。

表 4-6　選択した構成要素

変数	構成要素	変数	構成要素
x1	直線太さ	x5	ヨコ線数
x2	リピート大きさ	x6	複雑度／リピート
x3	構成部品数	x7	輪郭長さ／リピート
x4	タテ線数	x8	黒場率

4.3.2　印象度予測モデル

(1) 予測モデル

　選択した 8 種の構成要素を説明変数として、14 種の印象度を予測する重回帰モデルを構築した。その結果、重相関係数は 0.55645-0.83244 の範囲であった。結果を表 4-7 に示す。

　表より、印象語変数（y12; 明るい）と（y5; 爽やかな）の重相関係数が低く、他のモデルに比べ予測誤差が大きくなることが予想される。

表 4-7　印象度予測モデルに取込んだ変数（構成要素）と重相関関係数

印象語変数	構成要素	重相関関係
y1	x1,x2,x3,x4,x5,x6,x7,x8	0.83244
y2	x1,x2,x3,x4,x5,x6,x7,x8	0.81843
y3	x1,x2,x3,x4,x5,x6,x7,x8	0.72536
y4	x1,x2,x3,x4,x5,x6,x7,x8	0.78479
y5	x1,x2,x3,x4,x5,x6,x7,x8	0.59407
y6	x1,x2,x3,x5,x6,x7,x8	0.61524
y7	x1,x2,x3,x4,x5,x6,x7,x8	0.71580
y8	x1,x2,x3,x4,x5,x6,	0.59381
y9	x1,x2,x3,x4,x5,x6,x7,x8	0.66925
y10	x1,x2,x3,x5,x6,x7,x8	0.66586
y11	x1,x2,x3,x4,x5,x6,x7,x8	0.70447
y12	x1,x2,x3,x4,x5,x6,x7,x8	0.55645
y13	x1,x2,x3,x4,x5,x6,x7,x8	0.73715
y14	x1,x2,x3,x4,x6,x7,x8	0.79858

4.3 構成要素の整理と印象情報予測モデル

(2) 予測モデル

図 4-9 と図 4-10 に、重相関係数が高い（y1; 女性的）と（y2; 可愛い）の予測値、観測値の比較を示す。

また図 4-11 と図 4-12 に、重相関係数が低い（y12; 明るい）と（y5; 爽やかな）の予測値と観測値の比較を示す。

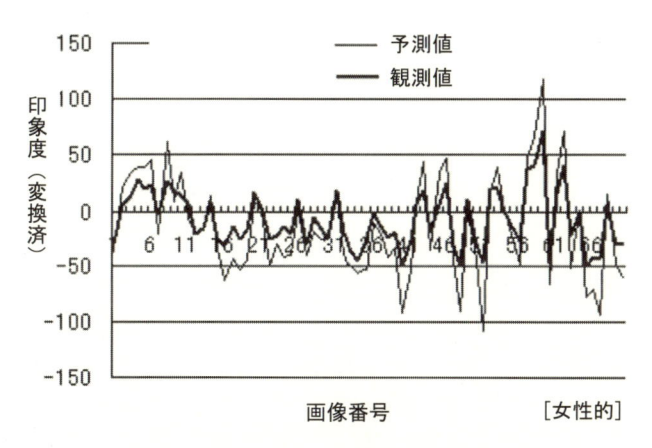

図 4-9　女性的（y1）の観測値と予測値の関係

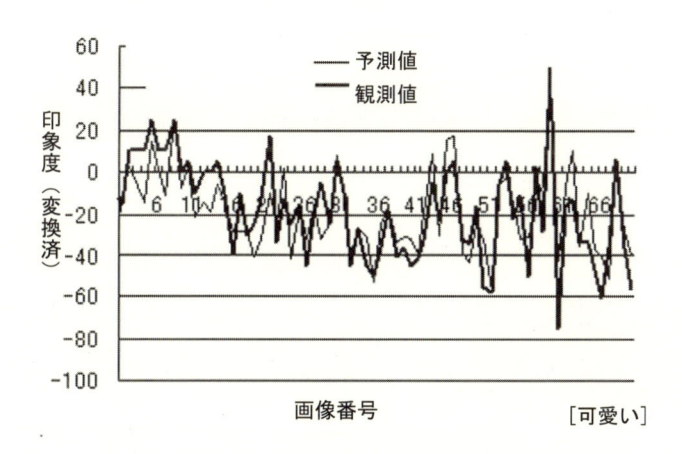

図 4-10　可愛い（y2）の観測値と予測値の関係

99

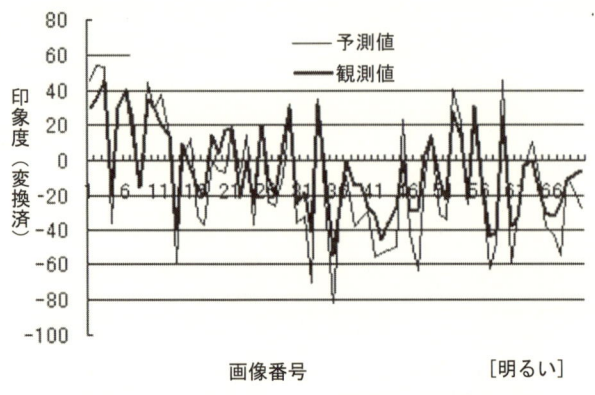

図4-11　明るい（y12）の観測値と予測値の関係

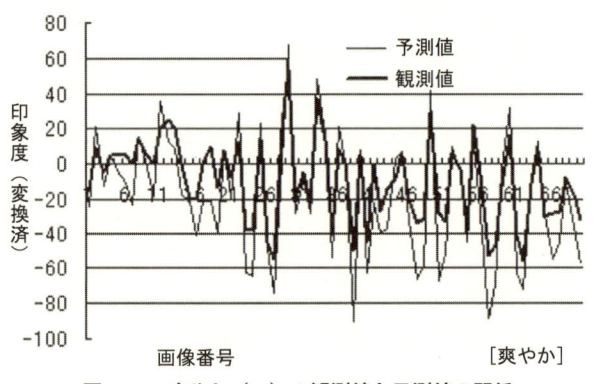

図4-12　爽やか（y5）の観測値と予測値の関係

4.3.3　誤差の要因

　誤差の要因としては、まず29の構成要素を8まで絞り込んだ情報量の低下があげられる。また、重回帰モデルが適切であるかという課題もある。

　そこで、要因を探るため誤差の大きな画像について検討していこう。

　印象語ごとに、観測値と予測値との差である残渣を変換[3]して誤差とする。印象語「明るい」について、誤差率の大きい4画像を図4-13に示す。

　図に示した4つの図柄は、日本の伝統柄である。和装の男性をなかなか見るこ

注3　以下の式で変換した。e_i (100%) = |(o_i-f_i)/o_i|　($i=1$〜70) ただし、e_i; 誤差率 o_i; 観測値 f_i; 予測値

4.3 構成要素の整理と印象情報予測モデル

とが無い現代社会では、直感的なイメージが浮ばないため意見が分かれる可能性がある。また、No20の三筋格子柄は、洋装のシャツ地にも使用されることが多い。他の3柄と比較すると判断しやすいと思われたが、8個の構成要素の情報では満足のいく説明が足りない結果となった。

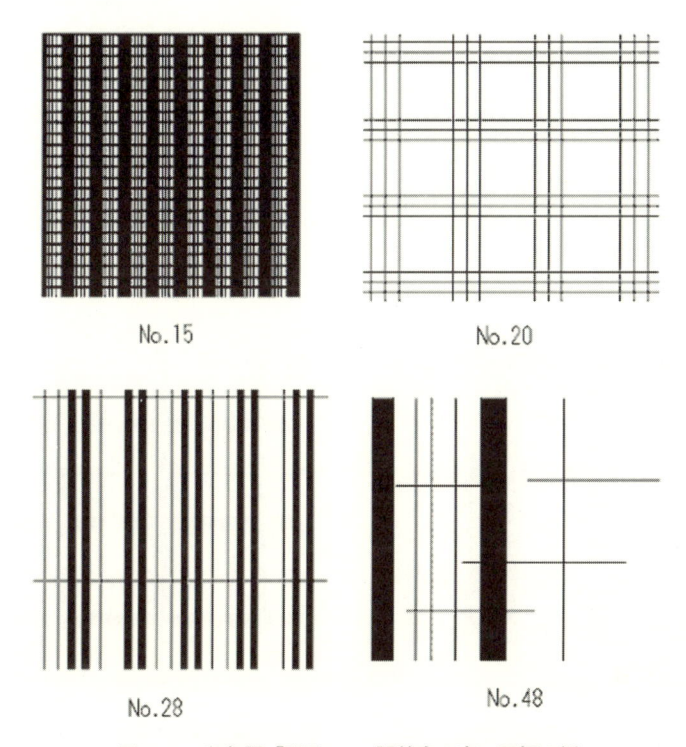

No.15

No.20

No.28

No.48

図4-13　印象語「明るい」-誤差率の高い図柄の例-

つぎに印象語「爽やか」について、誤差率の大きい4画像を図4-14に示す。
No.5のグレンチェックとNo.6のハウンドトゥースは英国伝統柄であり、上着やマフラーなど多くのアイテムに展開されている。寒い時期に日常見慣れている図柄のせいか、「爽やか」という異なった季節に用いることが多い印象語については、共通的な意見が出にくいかもしれない。この2柄の幾何学模様は、他のチェック柄と異なり直線あるいは矩形から構成されていない。そのため、x1（直線太さ）、x4（タテ線数）および、x5（ヨコ線数）による情報だけで説明するには十分では

101

無いことも、予測誤差の大きな要因である。単純に太い線（面）と細い線が重なり合う図柄ではないため機械的な認識が難しい。

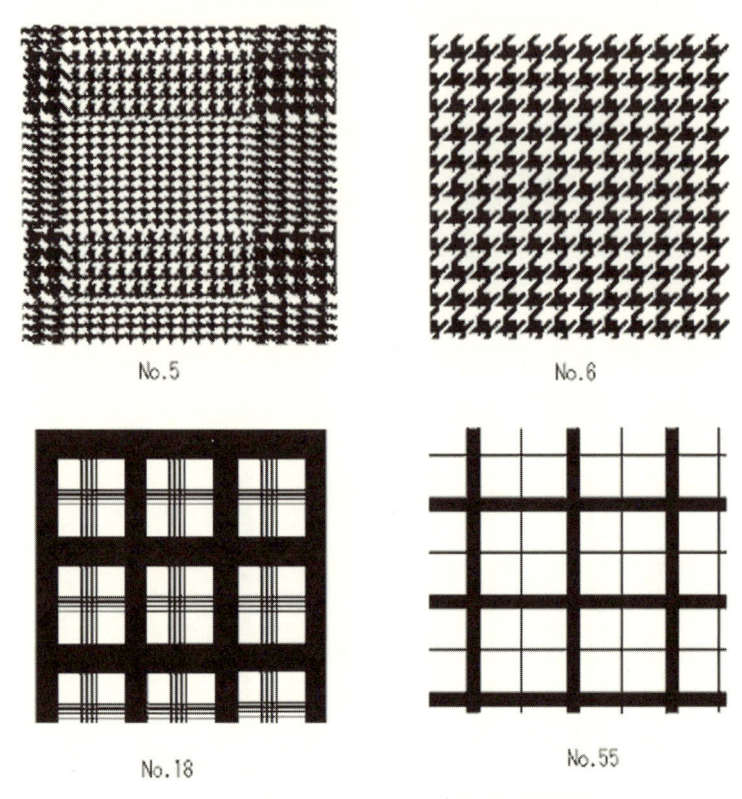

図4-14　印象語「爽やか」-誤差率の高い図柄の例-

また、No.18 の翁格子と No.55 のウィンドウペーンは、どちらも和洋の代表的な伝統柄であり、シャツ地やハンカチーフのような二次製品などに展開されている。これらは、回答者がイメージするアイテムにより異なることが考えられる。たとえば、ウィンドウペーンはインテリア製品に至るまで幅広く用いられている図柄であるが、ジャケットに用いたときと、テーブルクロスのようなインテリアに用いた場合では、印象が異なる可能性がある。

これらの結果より、矩形や円のような定形的な模様で構成された図柄は表 *4-6*

の構成要素で予測しやすいが、不定形な図柄は複雑度や黒場率だけでは高い予測結果が得られないことが分かる。柄の種類で区分すると、伝統的な日本の柄は、定形、不定形を問わず予測誤差が大きくなりやすい。この理由として評価者の意見が分かれている可能性もある。そこで、和の伝統柄である画像 No.48 について、印象語「明るい」の回答のバラツキ（標準偏差）を図 *4-15* に示す。そして図 *4-16* に、印象語「爽やか」の場合に誤差率の高い図柄 No.18 について回答のバラツキを示す。

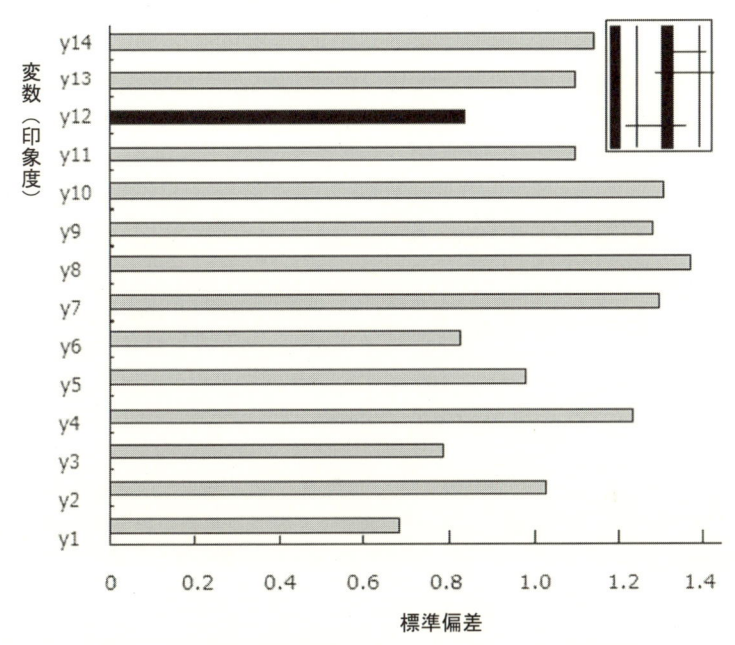

図 4-15　印象度の標準偏差−図柄 No.48（黒バーが "明るい"）

両図において、予測誤差の大きな y12（明るい）と、y5（爽やか）は、どちらも他の印象語と比較しても特別大きな値を示していない。この傾向は、他の日本伝統柄でも同様の傾向を示した。この結果は、実験の評価とアンケートから得た印象度の平均値と分散が異なる可能性もある。日本伝統柄の一部の印象をより正確に予測するには表 *4-6* に示した構成要素だけでは十分に表現しがたいことを示している。

第 4 章 印象情報と構成要素の関係

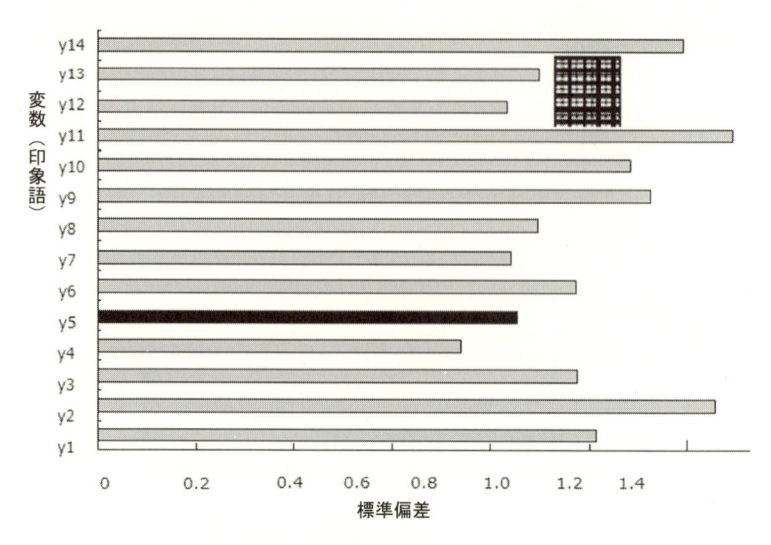

図 4-16　印象度の標準偏差-図柄 No.18　（黒バーが "爽やか"）

4.4　フレーム言語によるアパレル柄の表現

4.4.1　言語による画像特徴の記述

　前節では、画像の特徴量である計測した構成要素を用いて、印象情報を予測する重回帰モデルについて説明した。感性情報に関連する画像特徴量の計測はさまざまな手法が報告されている［2］［3］［4］［5］［6］。たとえば、画像の背景色、黒画素数分布、方向性並列演算、フラクタル次元などの感性情報と関連付けた画像特徴量を、主に画像処理で計測する手法である。これらはカラー情報あるいは、画像全体からの物理的特徴量抽出手法である。したがって、抽出される感性情報や対象とする画像が限定されるなどの課題は残るため、これらの手法をアパレル素材に直接適用するにはいくつかのハードルがある。そこで前節では、図柄を構築する構成要素を因子分析で整理して、それらと印象情報との関係を示す方法をとった。そして図柄から印象情報を予測するモデルは、重相関モデルを用いた。
　少ない情報でも、アパレル画像のような繰り返しから構成される図柄は、適切な構成要素を計測することで、印象情報予測が可能なことが分かった。しかし一

4.4 フレーム言語によるアパレル柄の表現

部の伝統的な柄では、構成要素の設定やその計測方法などの課題も残った。また、重回帰モデルの妥当性も検討の余地がある。

そこで本節では、図柄の特徴を構成要素のような画像特徴量ではなく、言語情報で表現する試みを紹介する。画像特徴量の計測は技術的に確立された分野であり、極めて参考事例も多い。また画像処理技術は、その多くがコンピュータプログラム化されており、処理手順も明確でさまざまな対象が自動計測可能である。しかし一方では前節にて述べたように、一部の印象情報は予測がかなり難しい。この要因のひとつは、画像特徴量である構成要素と、それに対する印象情報が明確に対応しないことである。これを解決する手段として、人が視覚的に取得した情報と、それから感じ取る印象を直接的に結びつける必要がある。この点において、構成要素は画素数や複雑度など、印象とは視覚的には二次的な結びつきであったと言える。

本節では、これまでの画像処理技法から離れて、画像を人の視覚に対応付ける方法を示す。ただし、最終的に処理はコンピュータで行う方が合理的であるため、コンピュータが理解できる言語形式にまとめておく。この形式として、フレーム言語で画像特徴を表現する方法を説明する [7]。そして、言語情報で構築した画像データベースを画像属性で検索した結果を紹介する。

画像特徴を言語情報で表現することは、画像を最小単位であるオブジェクト[*4]に分解して、それらの相互関連を記述することである。このことにより、一部の構成要素もオブジェクトにより容易に表現することが可能になるとともに、複雑な図柄に対応する構成要素の設定も期待できる。一方で、欠点も少なからず存在する。その最たるものは、画像の特徴の記述が人手による点と言える。これは画像処理技術が進んだ現在では、最も低次の欠点である。しかし、この点についてはクリアできない課題とは思えない。

さて、このフレーム言語による表現の特徴を以下に示そう。

① 図柄のオブジェクトを、線の曲直性により表現できる。つまり、人が視覚的に感じた形状を文字で表す。
② オブジェクトでは記述できない構成要素は、関数定数により表現できる。

注4 ここでオブジェクトとは、人が画像を見たとき受け取る、画像を形成する要素のことである。したがって、幾何学的な定義では無い。たとえば、構成要素は画像を形成しているからこれに該当する。後述の合成部品もオブジェクトである。

③ フレーム言語からプログラム化は比較的容易である。

以下、4.4.2 では画像のフレーム言語による表現手法を示す。また、4.4.3 ではその応用として、印象語によるモノクロ画像検索実験およびフレーム情報による印象予測を示す。

4.4.2　画像のフレーム言語による表現

本項では、フレーム言語を用いた画像特徴の記述方法を述べる。

(1) 図柄の表現ルール

前節では図柄の構成を数量的に表現する構成要素による数量化を紹介した。これは、基本的な図柄の構成単位である線や面、およびそれらの組合わせから成る物理量あるいは数値であった。たとえば線間距離や面の面積などが相当する。そして、機械的に構成要素を認識するため、それらの円形度や重心座標などの測定を行い、印象情報との関係をモデル式で表した。しかし、この方法では以下の課題が残った。1つは、面と線が重なり合う図柄の表現とその機械的な認識が難しいこと。そして、複雑な図柄では未知の構成要素が多く含まれるため、マニュアル操作が必要になることである。

そこで本項では、人間を介して図柄の構成を可能な限り文字情報として表現し、これらと印象情報との関連性を明らかにすることを試みる。文字情報として表現するメリットは、図柄を人間の目から捉えるので多くの表現が可能なことである。一方デメリットは、数値的に厳密に把握する必要がないため主観的になり個人差が拡大する危険がある。これを回避するため、また将来文字情報化の機械化を考慮して、図柄の表現ルールを以下のように定める。

① 柄の名称:

　柄の名称は一般に柄名として用いられている名称を使う。たとえば、円や楕円が規則的に用いられていればドット柄であり、線がたて、よこに規則的に交差していればチェック柄である。

② リピート:

　一般にアパレル図柄は、特殊な柄以外基本単位のたて、よこ方向への繰り返しで成る。この基本単位であるリピートで図柄を表現する。これは今までと同じ内容である。

③ 部品:
図柄を構成する図形の単位を部品と呼ぶ。たとえば、三角形、円、曲線、正方形などが相当する。構成部品は限定的な"部品"とみなせる。

④ 合成部品:
部品を組み合わせた部品以外の形状を合成部品と呼ぶ。複雑な図柄は合成部品で表現することができる。合成部品あるいは部品が属性を持てばそれらは構成要素である。

⑤ 図柄の計測物理量:
本節では人が図柄の特徴を記述するため、基本的に物差しなどのメジャーは用いないから物理量は対象外である。しかし唯一、リピートの面積（画素数）とリピートのたて方向およびよこ方向画素数だけは例外として、その数を4段階で分類している。

⑥ リピートの分割:
リピートはたて方向とよこ方向にたいして同数に分割できる。分割可能な理由は、多様で細かな部品を含む図柄の場合、リピート単位で全体を表現することは困難を伴うからである。分割することにより、小さな部品の位置を明示することができる。しかし一般的に、多くのアパレル図柄は比較的単純であり、分割しなくても説明が可能な場合が多い。

分割したひとつの領域をエリアと数える。各図柄により、エリアの形状と面積は異なる。本研究では、人が容易に判別できること、および印象情報処理が行える範囲の値であることを考慮して、たてとよこを各2分割している。図 *4-17* に各エリアの番号を示す。エリア番号は、時計回りに0スタートとする。また、同図内に中心をSとした9個の特徴点を示す。

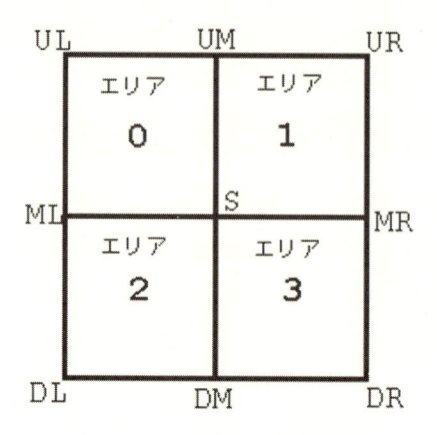

第 4 章 印象情報と構成要素の関係

```
UL         UM         UR
  ┌─────────┬─────────┐
  │  エリア  │  エリア  │
  │    0    │    1    │
  │         │         │
ML├─────────S─────────┤MR
  │  エリア  │  エリア  │
  │    2    │    3    │
  │         │         │
  └─────────┴─────────┘
DL         DM         DR
```

図 4-17　エリアと 9 個の特徴点

分割したエリアの位置は、式 4-1 のように、座標と同様に記述する。

$Pk[ai]$ 　　　　　　　　　　　(4-1)

ここで、

Pk :部品コードあるいはオブジェクトコード

ai :エリア番号（$i=0〜3$）

たとえば、部品 13 の位置がエリアの 1 と 2 と 3 にまたがって配置されていれば、$P13[123]$ として記述できる。また、部品 13 が 2 つの特徴点にかかっていれば、$P13[ML\_MR]$ のように記述することができる。

また、特徴点を結ぶ線上にある場合は以下の記述に従う。

（$sp0>sp1$）　　　　　　　　　　　(4-2)

$sp0$:最初の特徴点で、sp1 より常に左側で上に位置する。

$sp1$:最初の特徴点より右側あるいは下に位置する。

⑦ 名称の優先性：

　ドット柄、ストライプ柄、チェック柄に関しては、ドット柄であっても、そこにストライプがあればストライプ柄とする。同様にチェック柄にドット柄があればチェック柄とする。

4.4 フレーム言語によるアパレル柄の表現

(2) 部品と合成部品

R.L.Solso によれば、視覚による網膜での情報処理過程は、最初視線は刺激の部分から部分を移動して情報を視覚野へ送り、その特徴を分析する。次に得られた元素的特徴が体制化されて、刺激の基本的形態を認識する高次の処理が行われる [8]。つまり、図柄の部分々々の特徴が認識されてそれらが体制化されることにより全体像が把握されると思われる。

この図柄の部分々々の特徴が部品または合成部品に相当すると仮定しよう。すると、最終的な基本的形態はこれらを組合せたリピートとなる。これは、図 *4-18* のように示すことができる。

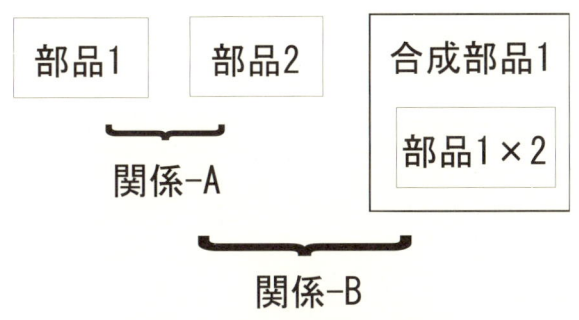

図 4-18　部品と合成部品の関係

図 *4-18* において、部品 1 と部品 2 は関係-A（たとえば、部品 2 は部品 1 に接している）にあり、部品 1、2 と合成部品 1 は関係-B（たとえば、部品 1、2 の左に位置する）である。なお合成部品 1 は、部品 1 を 2 つ付けた形状としよう。3 つの部品あるいは合成部品の関係は、関係 A と関係 B で表現できる。つまり、リピート内のすべての部品あるいは合成部品の関係を表現していくことで、図柄を文字情報で表現できる。

例としてチェック柄－'子持ち[*5]－を図 *4-19* に示す。

図 *4-19* において、部品 a は太い直線であり、部品 a と直角に交差する太線（a）は部品 a の変形と解釈することもできる。そして部品 b は部品 a と変形の部品 a に内包・接触する関係として表現できる。同様に部品 b は部品 b の変形として表

注5　太い縞と平行して細い縞で構成された和装の柄。衣服以外では日本家屋でも良くみかけることができる。

現が可能である。

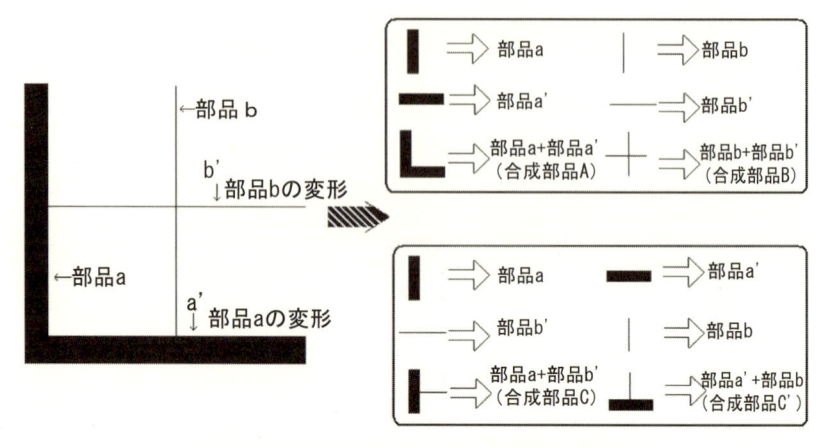

図4-19 子持ち格子柄の部品と合成部品の関係

　見方を変えると図4-19右上で、部品aと部品a'の組み合わせは、ひとつの合成部品Aとして表現することも可能である。すると、部品bと部品b'の変形は、同じく合成部品Bと見なせる。

　一方図4-19右下の部品aは、部品b'と組合せて合成部品Cとみなすことができる。部品a'と部品bの組合せを合成部品とみなせば、これは、合成部品Cが反時計方向に90度回転してできた合成部品C'とも考えられる。つまり子持ち格子柄は、1つの合成部品Cの組み合わせから構成されていることになる。

　このようにいくつかの部品に分類された図柄の構成を表現することは、見方によりいろいろな方法がある。表現法は、可能な限り単純で統一がとれていることが望ましい。そこで合成部品として取り扱う基準として、汎用的に取り扱われるならば合成部品とし、一部の図柄にしか用いられないならば、部品間の関係として取り扱う。このことに関しては4.4.4（p.113）で具体的に説明する。

4.4.3　フレーム理論による図柄の表現方法

　本項では、前項に引き続きR.L.Solsoの考えに基づいて、図柄を表現する方法について述べる。

部品や合成部品は、一階述語論理[*6]にしたがって記述すれば文字情報で表現できる可能性がある。ただし図柄によっては複雑な記述になるため、最終的にシステムへの実装を考慮した場合、余り効率的とはいえない。そこでその解決策として、フレームの形としてまとめておけば分かりやすく、プログラミング言語によるコーディングが楽になる。

本項ではそこに辿り着く過程で、述語論理に近い表現も一部交えながら、オブジェクトのフレームへの対応方法を説明する。

(1) フレームによる階層表現

知識表現のアプローチとして、意味ネットワークや Minsky が提案したフレーム理論がある。これは個々のまとまりのある知識をノードやフレームで表現して、ノードやフレーム間の接続関係により、知識全体を表現する方法である。この利点は、『物をいくつかの部品に分解して、それらから構成していると表現すると、部品をまた複数のものの間で共有することができるので、同様に表現量が節約できる。』といえよう。意味ネットワークでは、それらはノードで記述されるが、複雑な知識ではネットワークが拡大しノードの記述やそれら相互のリンクの制御が困難になる。一方フレームはスロットにより記述するが、ここでは、上位関係や部分関係を規定することができるので、部品間の関係を記述し易い。

つまり、フレーム理論では、個々のフレームにより個別の知識を表現し、フレーム間の関係を継承することによりボトムアップ的に全体の知識を表現することが可能になる。アパレル図柄もこの理論にしたがって考えてみよう。

図柄はいくつかの部品から構成されている。部品は属性を持つので、それを明示すれば図柄の特定ができる。柄は"ドット"や"ストライプ"のような柄名を持つ。これらは各図柄の上位概念であり、また属性を持っているので、同様にして柄名の特定ができる。全柄名は"アパレル柄"という共通名を持つ。このように、各図柄に関する事柄（知識）を属性で表現することにより、ボトムアップ的に全体の柄を表現できる。きっちりとフレーム理論どおりには納まらないかもしれないが、図柄を文字情報である程度まで表現できる可能性がある。つまり、図柄も

注6　述語論理は、述語記号と項により事柄を表現する。たとえば、Tを"テキスタイル柄である"という述語記号とし、dをドットとする。するとT (d) は、"ドットはテキスタイル柄である"という真偽をもつ論理式である。本節では厳密には述語論理にしたがっていないが、近い形で図柄を表現していく。

個々の知識から階層的に成り立つ知識と捉えてみる。

　まず分類した図柄を、構成する部品の構成情報から成るフレームと考える。そして一部の情報は数字で表現するが、各フレームは図柄の部品属性を文字情報で記述する。最後にフレーム間の接続関係を示せば、図柄全体を階層的に記述できる。また、フレーム間で適切な共通部品を設定すれば表現が簡略化できるとともに図柄の判別が明確になる。この共通部品の設定は、前節で議論した構成要素の絞込み結果を参考にすればよい。結果として部品間の関係を言語情報で記述できるため、図柄を定性的に表現できる。

　以上の概要を図4-20に示す。

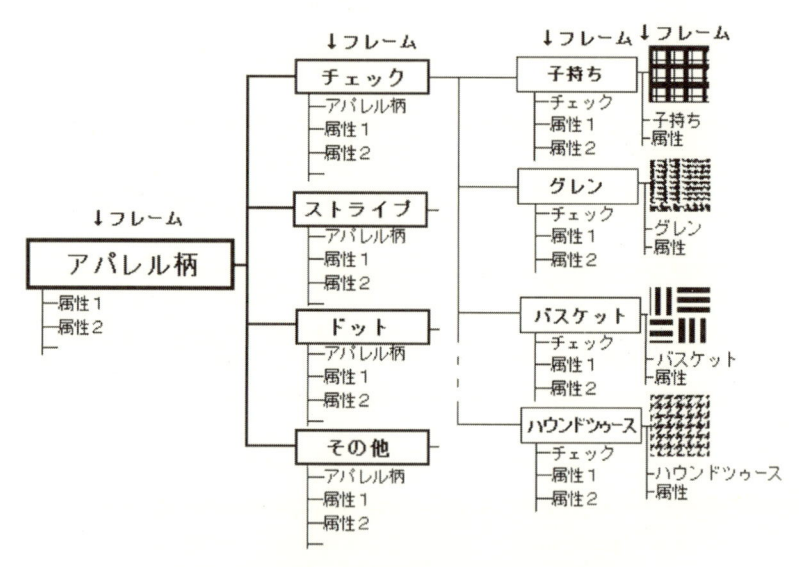

図4-20　代表的アパレル図柄とフレーム表現の例

(2) フレームの分類と共通部品

　フレームのトップレベルは"アパレル柄"であるがその最小レベルは、アパレル柄検索の利便性を考慮すれば個々の図柄データであることが望ましい。そこで、フレームのレベルを表4-8のようにしよう。図4-20では柄名枠がレベル3に相当することになる。

表4-8 フレームのレベルと内容

レベル	内容	例
1	知識全体	アパレル柄
2	アパレル製品で用いられる図柄の大分類	ドット，チェック
3	主にデザインの専門分野で用いられる呼称（小分類）	グレン，タッターソル
4	各図柄データ	図柄コード

　共通の部品とは、部品のうち主な図柄に共通するオブジェクトである。これは、同一内容で記述することにより共通の情報として取り扱うことができるため、明確な知識の記述には共通の部品の増加が不可欠である。共通の部品の条件を、以下にあげる。

① 図柄の主たるオブジェクト：
　　例えばチェック柄ならば、たてやよこ方向の線および、それらの共通の組合せである。

② 図柄の印象情報に影響を及ぼすオブジェクト：
　　人が画像を観察するときに印象的な画像特徴であって図柄間で共通している主要なオブジェクト。

　①は、デザイナーの経験的な知識から判断が可能である。本節では②について次項"(3) オブジェクトの分類"で述べる。

4.4.4　フレームの記述

　本項では、フレームの部品を記述する手法として用いられるフレーム言語について説明する。また、図柄間で共通のオブジェクトについて図示する。

(1) フレームの記述法と構成要素

　フレーム言語は多くの種類が発表されており、それらは細部においてさまざまな差異を持つ [9]。本書では、これらのうちから一般的に用いられているフレーム形状に準じた記述を用いる。**表4-9**にオブジェクトなどに相当するスロットが4つのフレーム形状を示す。

第 4 章 印象情報と構成要素の関係

表4-9 フレーム形状の一例

フレーム名	スロットの内容
スロット1	スロットの値1
スロット2	スロットの値2
スロット3	スロットの値3
スロット4	スロットの値4

表4-9より、レベル1ならば知識全体であるから"アパレル柄"となる。以下のスロットにはフレームの内容を記述する。一番上のフレーム名には上位概念を記述するから表4-9にしたがって分類名を記述する。たとえば、"グレンチェック"ならば"チェック"である。以下より、左側はスロット名でありオブジェクト名が相当する。右側はその値であり、部品の属性に相当する。ただしスロットのレベルによっては、画像コードなども記述される。スロットの記述は、原則的に述語論理で用いられる形式言語のルールに準ずる。

具体例で示そう。構成要素の属性は色やサイズなどである。また、構成要素間の位置関係なども構成要素である。したがって、部品は属性と位置情報で表現する。ただし、部品を正確に表現すると記述法が複雑になり文字列表現のメリットである、"人間の視覚に合った表現"が薄れてしまう。そこで、表現が雑駁にはなるが、子持ち格子のように同じ部品（合成部品）同士を組合せた柄が多い特色を生かす記述法を用いる。

最初に図柄の構成で主要なオブジェクトを選定して、それを基準にして他のオブジェクトを関連付けていく記述法を取る。主要なオブジェクトは図柄を構成する上で共通の構造を持ち、スロットでは柄名の下に記述する。なお、主要なオブジェクトの具体的な形状は後述する。関連付けが不可能なオブジェクトについては、式（4-1）、式（4-2）で新規に表現する。

基本的なオブジェクトの記述法を式（4-3）に示す。

関係記号（対象部品コード、位置記号、形状記号1、形状記号2）　（4-3）

式（4-3）において、関係記号は対象部品との関係を表現する。たとえば、"接触"の状態である。述語論理では述語記号に相当する。対象部品コードは、一般には主要なオブジェクトコードになる。位置記号は対象部品に対する位置を表す。

形状記号1は、対象部品に対するサイズである。同一ならば e をとる。最後の形状記号2は、対象記号との角度である。同一ならば e をとる。これらは、述語論理では項に近い。

一例をあげる。対象記号 *CL* は、主要なオブジェクトコードを示す。たとえば、当該オブジェクトが *CL* の上に位置していれば、それら相互の関係を式（4-4）で表現する。

$$Connect（CL,U,e,e） \qquad (4-4)$$

また式（4-4）を満足し、同時に当該オブジェクトが *CL* の右に倍のサイズで位置していれば結合記号を用いて式（4-5）で記述する。

$$Connect（CL,U,e,e） \land Connect（CL,R,d,e） \qquad (4-5)$$

このようにして図柄の特徴を、一階の言語による述語論理に準じて記述する。しかし本項では、これらのフレームの記述は人手により容易に判断できる内容であることが条件であるから、高度に確認作業を伴うスロットは設定しない。たとえば、限量子を用いた記述は、図形から即断することは困難であることが多いため最小限の使用に止める。

(2) **オブジェクトの表現法**

このオブジェクトの述語論理表現からフレーム形状への移行は比較的容易である。フレーム形状にまとめることで、そのままコーディングが可能となる。また、フレーム化による視覚的効果がオブジェクト相互関係を明確化する。単純なオブジェクトならば、直接フレーム化した方が効率的かもしれない。

そこで、前述の式をフレーム形状に移行しよう。例えば位置関係は、部品等が配置されたエリアの位置情報で表現可能である。また、部品等の大きさ、あるいは太さは、視覚的に尺度化することでカバーできる。たとえば、標準的な太さを s、明らかに太い場合は w、極めて細ければ n のように、一目で判別できる記号にしておく。もちろん、この部分をシステム化してより詳細に分別することも自由である。また新たなオブジェクトが現れた場合は、それを表現する対象記号化を

第 4 章 印象情報と構成要素の関係

行えば良い。

　画像のサイズは、印象に大きく影響する。同じたて縞柄であっても、間隔により受け取り方は異なる。これは図柄のリピートのサイズで判断できる。そこで本節では、このリピートの「たて×よこ」サイズだけ画素数を 4 段階に尺度化して「たて・よこ」の順に記号化している。

　問題は、オブジェクトの決定方法である。アパレル図柄は単純な図柄の繰り返しが主体であるので、フレームのレベルを的確に分類して、図柄の名称別にオブジェクトを決めれば少ない種類で多くの柄の表現が可能になる。この決定には、前節で用いた因子分析により効果的なオブジェクトを決めるのも一法である。

　図 *4-21* に図 *4-19* のチェック柄のフレーム表現を示す。

```
            子持ち格子
  柄名称（大分類）     チェック
  図柄コード         chA012
  オブジェクト種類    O_S
  オブジェクト 1 O B 1 [O_S,UL-略-,wn,]
  オブジェクト 2 O B 2 [Connect(,,,)]
```

図 4-21　子持ち格子のフレーム表現例

　図 *4-21* において、オブジェクト 1 が主要なオブジェクトである。その形状は、オブジェクトの種類に記載する。OB1 の次の［］は図 *4-19* の合成部品 C の属性情報である。ここには、位置情報と「線の太さ」やオブジェクトの「向き」などの属性情報を記述する。

　オブジェクト 2 はオブジェクト 1 にたいする合成部品 C の属性情報である。C は、C の右に時計反回りで接触するので、これを記述する。

(3) オブジェクトの分類

　基本的なオブジェクトは線、点または面である。これらは空間限定性があり［10］物理的に区分することは困難であるため、真鍋の提案する形態による分類に従ってオブジェクトを分別する。形態による分類とは、線ならば、その曲直性と

4.4 フレーム言語によるアパレル柄の表現

開閉性により分類する方法である。たとえば閉形の曲直性の線は、直線と曲線から構成されており、それらの端点は閉ざされている。

開形の直線形は、一本以上の直線から構成され、それらの端点は開かれている。一方面の分類は、線の分類で開閉形または閉形の線に囲まれた部分が着色された特殊な場合と考える。このような分類により、グレンチェックのような構成要素だけでは表現が困難な複雑な図柄も、線と面の形状により記述することが可能になる。また、本項では点は面の一種と考え、特別な分類は行わない。

図 4-22 に真鍋の分類に従った線の形態と、分類コードと図柄のオブジェクト例を示す。

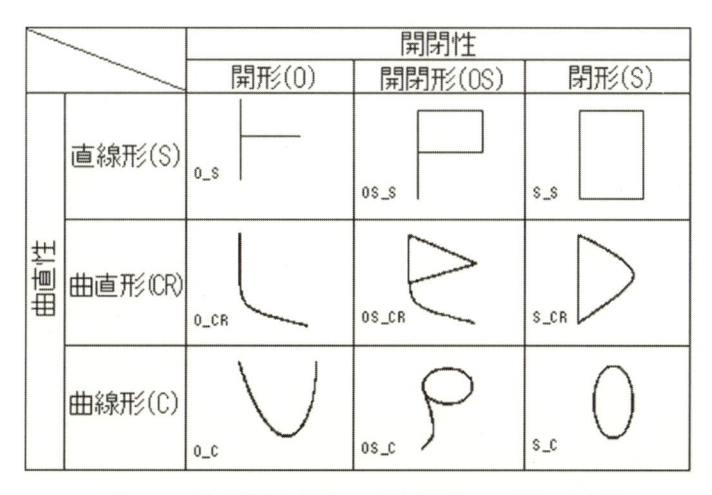

	開閉性		
曲直性	開形(O)	開閉形(OS)	閉形(S)
直線形(S)	O_S	OS_S	S_S
曲直形(CR)	O_CR	OS_CR	S_CR
曲線形(C)	O_C	OS_C	S_C

図 4-22　線の形態と分類コードと図柄のオブジェクト例

たとえば図 4-21 の子持ち格子の場合、子持ち格子の合成部品 C の曲直性は直線形（S）である。その開閉性は（O）である。また、追加した C は向きが異なるが C と同じ形である。したがって、この図柄は「O_S」のオブジェクトで構成されている。このオブジェクトをフレームとして記述するには、オブジェクトの太さ、大きさ、位置、向きを明示すれば良い。

一方、シンプルなストライプ柄のように、リピート間を連続して描かれた線は端点が無いと考えられる。このような線は区別して連続線と呼び、線の分類コードの先頭に L を付け、図 4-22 と同様の分類を行う。

第 4 章 印象情報と構成要素の関係

アパレル柄はシンプルな柄が多いので、この分別によりシステム化に伴う効率が向上する。

曲直性を用いた連続線の図柄例を図 *4-23* に示す。

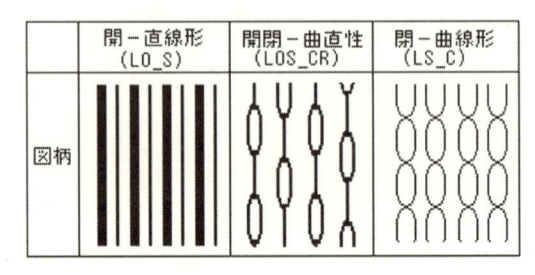

図 4-23　連続線の分類例

(4) 走査方向

オブジェクトの位置情報を得るためにオブジェクトの走査を行う。本項では人の視覚走査を前提として進めているが、当然システム化は可能である。走査は以下の規則で行う。

① 走査方向：

CRT ディスプレイの走査と同一である。左上端から始まり、右端に走査した後左端下に戻る。

② オブジェクトに対する走査方向：

輪郭に沿って①と同様に走査する。輪郭が直線で構成され途中で明らかに角度を持つ場合に記述個所の対象となる。走査の開始個所に戻ればそこで走査は終了するが、必ず開始点で終了するとは限らない。

③ 記述個所：

開始個所、角度が生じる個所、終了個所。また、円や楕円のように閉曲線の図形は開始個所だけが記述個所である。

④ 記述方法：

記述個所を、式 (4-1) にしたがって記述個所が存在するエリア番号で記述する。ただし、その個所が特徴点で記述できれば特徴点で記述する。

⑤ 対象となるオブジェクト：

4.4 フレーム言語によるアパレル柄の表現

黒場でも白場でも良いが、それらを明示する。

主なオブジェクトについて走査の例を図 *4-24*（a）～（d）に示す。この図において番号は記述個所であり、記述順である。

(a)「OS」オブジェクトの例

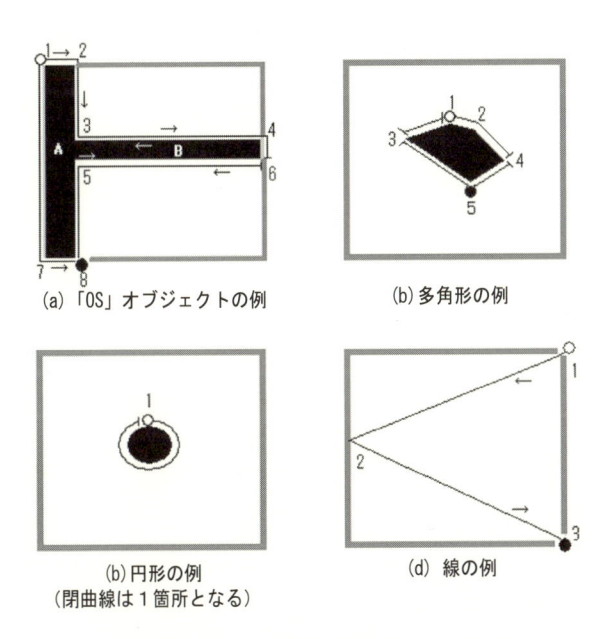

(b) 多角形の例

(b) 円形の例
（閉曲線は1箇所となる）

(d) 線の例

図 4-24　**黒場オブジェクトの走査方向例（○は始め、●は終了、⊥は不連続、番号は走査順序。）**

(5) **主要なオブジェクト記述手順例**

1つのリピートは1つ以上のオブジェクト等で記述される。記述順序は、走査が終了したオブジェクト順に記述する。記述は、図 *4-21* に示したように上から順にフレームに記述しても構わない。主要なオブジェクトからそれに関連するオブジェクト順に並んでいればよい。

各オブジェクトは、1以上の走査から成り、各走査は次式 (4-6) のように記述する。ただし複雑な図形については、視覚走査では限界があるため、走査点情報は開始点と終了点以外要所のみにならざるを得ない。

走査点情報は ＿ で結ぶ。視覚走査では限界があるため、一定数以上では ＞＞ を用いる。本項では、その数は10である。

119

色情報は、オブジェクトの色である。本項で用いているモノトーン柄の場合は、黒は 1、白は 0 となる。

(曲直性情報、走査点情報、サイズ情報、色情報)　　　(4-6)

図 *4-19* のオブジェクト C の走査例を式（4-7）に示す。ここで「サイズ情報」の wn とは、w がたて方向の部品 a の幅を示し、n は横方向の部品 b の幅を表している。

オブジェクトコード（O_S、[UL_UL>UM_ML>S_MR_DL _DL>DM]、wn、1）
(4-7)

主要なオブジェクト以外は、主要なオブジェクトのコピーとして式（4-4）と式（4-5）のように記述する。

4.4.5　予測

本項では、前項で説明したフレーム形の記述内容から印象情報を用いて元の図形の構成内容を復元する、あるいは図形のオブジェクト情報から印象情報を予測する方法を述べる。

(1)　プログラミング言語

文字情報の内容をシステム化するには、C 言語や Java は強力な汎用プログラミング言語である。しかも大部分のオペレーティングシステムで走るように作られているし、記述方法も明確で分かりやすい。本書でも、第 5 章のいくつかのプログラムでは、C 言語と Java で書かれている。しかし、本項で議論しているオブジェクトの記述や、それらの関係性などを表現するには、汎用性が高い反面これらの高級言語は意外と効率的ではない。

本項で用いた Lisp は、有名なエディタを始め多くのアプリケーション開発に用いられている歴史の長い言語である。汎用性がある高級言語とは言いにくいが、人工知能分野で多く使用されることから、文字情報の記述には他の汎用言語より一歩出ていると思われる。しかもインタプリタであるから（当然コンパイラもあ

る)、記述内容の真偽をすぐに確認することができる。

一方では欠点もある。汎用的とは言えないのでユーザが多くないことやローカルな仕様が結構多いことであろう。本項でも極力一般仕様 Lisp に準拠するように努めてはいるが、読者のコンピューティング環境によっては部分的にマッチしていないかもしれない。その場合はご容赦願いたい。

(2) アルゴリズム

印象語からの図柄の構成の復元、あるいはオブジェクトから印象情報の予測は、文字列記述型なので単純である。つまり、印象情報予測であれば、片方、つまりオブジェクト情報を入力して同じ内容を有する画像の印象情報を出力する。入力情報と完全に一致しない場合は、それに近い画像を検索していく。

一致性は、入力語あるいは入力語の文字との一致性を計算する。一致性の見方はいろいろある。たとえば完全一致ではなくても、語の類似性を検討する、あるいは入力語の反意語から検索をかけることも考えられる。ファジィルールを組込んで処理を行うこともできるだろう。

今回プロトタイプとして構築した図柄構成復元プログラムは、同意語と類似語を加えて直接一致性を計算する。そして、最も一致率の高い画像を選択するシンプルな処理法である。ただし将来画像データの増加を見込み、試験的に反意語や関連する語も組込んでいる。

一方の印象情報予測プログラムは、式 (4-7) の入力による図柄構成復元プログラムと同じアルゴリズムである。ただし本実験規模では、式 (4-7) の入力項目を全て入力することは現実的ではないので、以下の項目に限定している。

新規画像であれば表の入力項目全てが一致することは稀である。そこで一致しなくても、各入力項目を総計して 50% 以上一致すれば、画像の印象情報を表示する閾値を設定してある。

表 4-10 印象情報予測プログラム入力項目一覧

番号	項目	備考
1	柄名	小分類
2	オブジェクト名	主要オブジェクトコードなど
3	オブジェクトサイズ	省略可
4	リピートサイズ	たて×よこ

(3) 実験

前述のアルゴリズムにしたがって構築したプログラムを用いて、印象語入力による図柄の構成の復元と、オブジェクト情報から印象語情報の予測を行ってみよう。

実験に用いた画像と印象語は、3章で説明したモノクロチェック柄である。実験は7人の評価者で行った。

印象語入力による図柄構成の復元実験は、評価者がはじめに選択した20種類の画像から希望するチェック柄を1枚以上選択する。つぎにそれらの画像に共通の印象語[7]を一語以上自由に入力する。出力した図柄コードからその画像をディスプレイで参照して入力情報との一致性を確認した。一致性は、AND検索で出力した画像（群）全部の一致性を0～100%の範囲で直感的に評価した。画像（群）に目的画像が無ければ0%であり、目的画像だけが表示されれば100%である。

オブジェクト情報から印象語情報の予測実験は、まず評価者が任意に同じサイズのチェック柄をパソコンで描いてその印象をメモしておく。つぎに、描画したオブジェクト情報をシステムに入力して、出力した印象語情報とはじめにメモした印象語との比較を行った。

プログラム4-1に、印象語入力プログラムの入力文字と画像データの一致率計算例を示す。なお、プログラムの変数等に関してはコメント文を参照していただきたい。図4-25にプログラムの実行結果画面を示す。

(プログラム4-1)

```
//最大一致率計算//
;入力文字と印象語文字の一致率計算
;変数  char1:term1からの抽出文字  /char2:term1からの抽出文字  /i:カウンタ
;引数  n:入力文字数  t1:入力文字  t2:印象語（画像情報ファイルから読み込む）
;返す値  一致率（%）
;
(defun calc_rate ( n t1 t2 )
   (setq s  (print-length t2 ) )
   (cond ( ( > n s )  (setq m s ) )
       ( (or ( > s n ) (equal n m ) ) (setq m n ) ) )
   (princ "対象文字数---->" )  (print m )
   (setq i 0 )
   (setq hitno 0 )
   (loop
```

注7　印象語は、あらかじめ定められた英単語から選択して入力している。

4.4 フレーム言語によるアパレル柄の表現

```
        ( if ( equal i m ) ( return ( result_e hitno m ) ) ) ;'検索終了.結果表示
        ( princ ( setq char1 ( slcts-head t1 i ) ) ) ;一文字取得from t1
        ( princ " " )
        ( print ( setq char2 ( slcts-head t2 i ) ) ) ;一文字取得from t2
        ( princ " " )
        ( if ( equal char1 char2 ) ( setq hitno ( + hitno 1 ) ) )
        ( setq i ( + i 1 ) )
     )
  ) ;calc_rate end
;
;//個々結果出力//
;一致率計算
;変数 ret_value:一致率
;引数 hitno:一致文字数 no:対象文字数
;返す値 一致率(％)
  ( defun result_e ( hitno no )
     ( princ "一致文字数--->" ) ( print hitno )
     ( setq ret_value ( * ( / hitno no )   100 ) )
     ( princ "一致率（％）" ) ( print ret_value )
     ( return ret_value )
  )
;
;//指定1文字取り出し//
;語から1文字を抽出
;引数 word:対象語 n:抽出する文字の順番
;返す値 文字
  ( defun slcts-head ( word n )
     ( cond ( ( null word ) ( print "arg. is NULL<slct-head>" ) ( break ) )
    ( ( atom word ) ( substring word n n ) )
     )
  )
```

プログラム 4-2 に、オブジェクト情報入力プログラムの入力文字と画像データの一致率計算箇所の一部を示す。
また、**図 4-26** にプログラムの実行結果画面を示す。

```
（プログラム4-2）
;画像ファイル（list1 list2 list3）からlist1のデータを取り出す
;画像DBのstripeの1データ例を以下に示す 。
;*画像データ例）
;list1    画像コード str001
;list2    印象データ   （（印象語リスト）（類似語リスト）（反意語リスト））
;list3    構成要素     （オブジェクトリストA）（オブジェクトリストB）（完全サイズ）
;ex       （str001 （ 'beauty 'beautiful ） （ 'pretty ） （ 'darty ） ）
;         （（LOS2_w LOS2_n）（LOS2_w LOS2_n）（3 2））
;*使用法
```

123

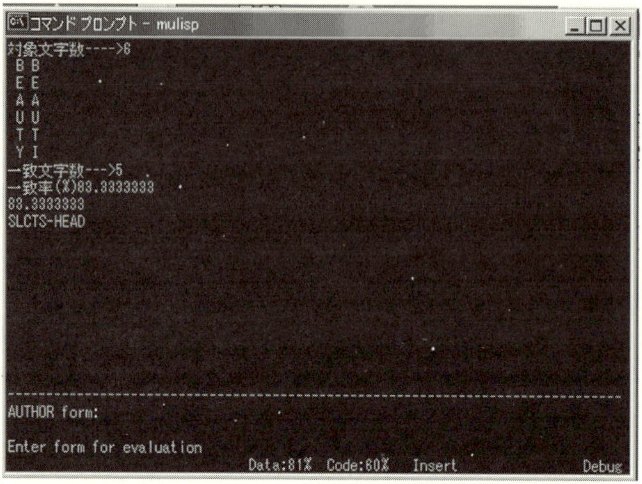

第 4 章　印象情報と構成要素の関係

図 4-25　印象語入力プログラムの入力文字と画像データの一致率

```
;     引数:検索リスト（オブジェクト）　画像DBからの1データ
;    返す値 構成リストの3つの各リストが合計で150%以上一致なら画像コードを返す．
;     ただし、このprogramではlist3のたて曲直性リストだけを計算しているから
;    最大100%が返る
;
;
(load 'array);In the program ->未使用
(load 'common)
(defun cale1 ( dat-a dat-b )
      ( clear-screen )
      ( print "===================================" )
      ( print "  オブジェクトからの画像データの取得" )
      ( print "===================================" ) 4
      ( setq dat1  dat-a )
      ( princ "入力されたオブジェクトデータ--->" )
      ( print dat1 )
      ( setq dat2 dat-b )
      );この部分は外部プログラムで実行
      ( princ "画像ファイルのオブジェクトリスト--->" )
      ( print dat2 ) ( print "+++++++++++++++計算結果+++++++++++++++" )
      ( setq seg   ( caddr dat2 ) );オブジェクトデータ
      ( setq len_a1 ( length ( car dat1 ) ) )
      ( setq len_a2 ( length ( cdar dat1 ) ) )
      ( setq len_b1 ( length ( car seg ) ) )
      ( setq len_b2 ( length ( cdar seg ) ) )
;
;//比較//
```

4.4 フレーム言語によるアパレル柄の表現

```
         ;たて曲直性リスト部分の比較。一致率を返す.
     (cond ( (> len_a1 len_b1) (setq m len_a1) )
           ( (<= len_a1 len_b1) (setq m len_b1) )
     )
       (princ "対象とする要素数---->") (print m)
    ;(setq arno (list len_a1 1) )
       (setq seg1 (car seg) )
       (setq indat1 (car dat1) )
       (setq retword (car indat1) )
       (setq i 0)
       (setq hitno 0)
       (loop
          (if (equal i len_a1) (return (result_e hitno m) ) ) ;
             '検索終了.結果表示
          (setq hitno (retrieve retword seg1 hitno) )
          (setq indat1 (rest indat1) )
          (setq retword (car indat1) )
          (setq i (+ i 1) )
       ) ;loop end
)
;//検索//
(defun retrieve (term retlis hitno)
      (if (find term retlis)
          (return (+ hitno 1) )
      )
      (return hitno)
)
;
;//計算結果出力//
  (defun result_e (hitno no)
     (princ "一致した要素数--->") (print hitno)
     (setq ret_value (* (/ hitno no) 100) )
     (princ "たて曲直性リスト部分の一致率(%)=") (print ret_value)
     (return ret_value)
  )
```

125

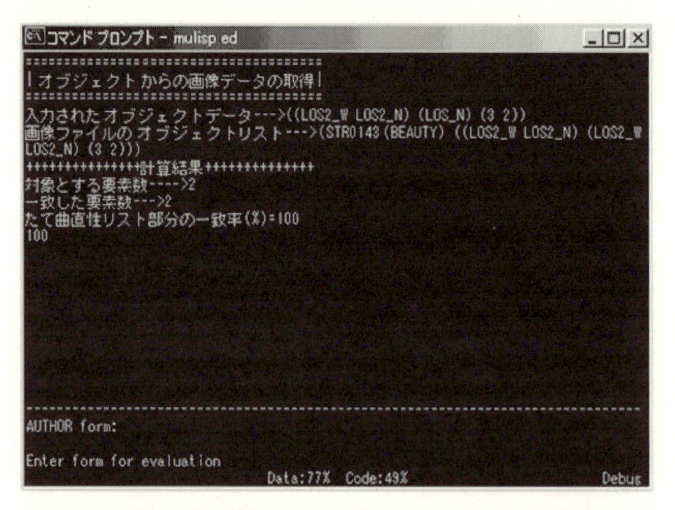

第 4 章 印象情報と構成要素の関係

図 4-26 **オブジェクト情報入力プログラムの入力文字と画像データの一致率**

(4) 結果

　小規模な実験であるが、印象語入力とオブジェクト情報入力では異なる結果となった。印象語入力の実験では、印象語 1 語入力の場合は評価者が納得した割合（一致性）は低いが、2 語以上から高くなる結果であった（図 4-27）。

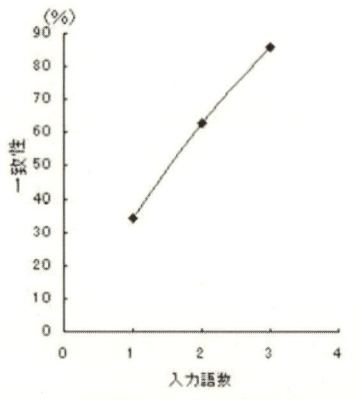

図 4-27 **印象語入力による図柄の構成の復元実験-入力語数と画像一致性の関係-**

126

4.4 フレーム言語によるアパレル柄の表現

　印象語入力から図柄の構成の復元は、評価者の評価結果とアンケートによる多くのデータの平均値との比較となる。したがって、評価者の感性がアンケートの平均値と類似していれば、入力印象語数の増加にしたがい、一致性が向上する可能性は高くなる。本実験ではバラツキの少ないアンケートデータを用いたこと、そして入力語はあらかじめ限定した英語で検索したことの効果もあり、2語以上の一致性は高い結果になった。

　入力語と出力画像の一部を図4-28に示す。

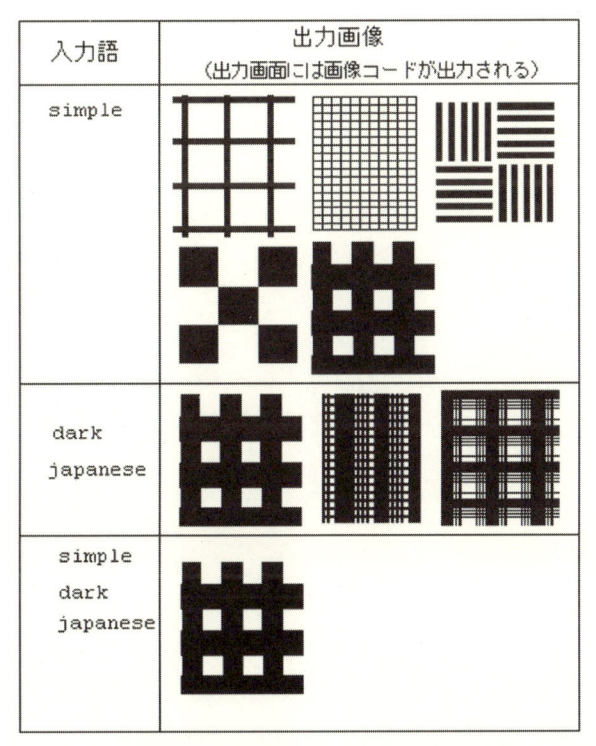

入力語	出力画像（出力画面には画像コードが出力される）
simple	
dark japanese	
simple dark japanese	

図4-28　入力語数と出力画像の一例（評価者の目的画像は、最後の弁慶格子だけであった。目的画像だけを表示するには、三語まで入力しないと得られなかった。）

　オブジェクト情報入力の実験では、画像により明らかに違いが出た。評価者が描いた図柄と同じあるいは類似する図柄に該当しないケースもあり、入力情報と

127

の一致がまったく無い画像も多かった。面白いのは、評価者が複雑な図柄を描いた場合は、入力ミスも増加してオブジェクト等の一致率は下がる傾向が見られる。しかし、印象語との一致率に必ずしも反映しているわけではない（図 4-29）。この理由としては、評価者の感性とアンケートデータとの相違があげられる。しかし最大の理由は、ユーザがオブジェクトの表現方法を十分に使いこなしていないと思われた。たとえばウィンドウペーン[8]のようなシンプルな図柄では、主要なオブジェクトの一致率は 100%である。しかしオブジェクトの幅やサイズ等の属性値を細かく設定していないため、図形情報が十分では無い。結果的に、それらが印象の差として現れたと考える。

　検討事項としては、ユーザが入力しやすいようにオブジェクト情報をより簡素に表現する手法が必要である。たとえば、図 4-22 のような図形特徴のコード化を進める必要がある。しかし他方ではオブジェクト情報の精緻化も必要であろう。たとえば、図 4-22 と図 4-23 のオブジェクト分類コードだけではとても多くの図柄を表現できない。精緻化が進行し過ぎるとフレーム言語化する場合、多大な労力が必要となる。そして、入力ミスが増加する。これを突き詰めれば当然にフレーム言語化の自動化は避けられない。

　入力する印象語は、日本語で行えば色々な表現ができるため一致率は大幅に低下するだろう。そのためには類似語辞書などの充実が不可欠となる。

注8　四角枠（窓ガラス）のシンプルなチェック柄。

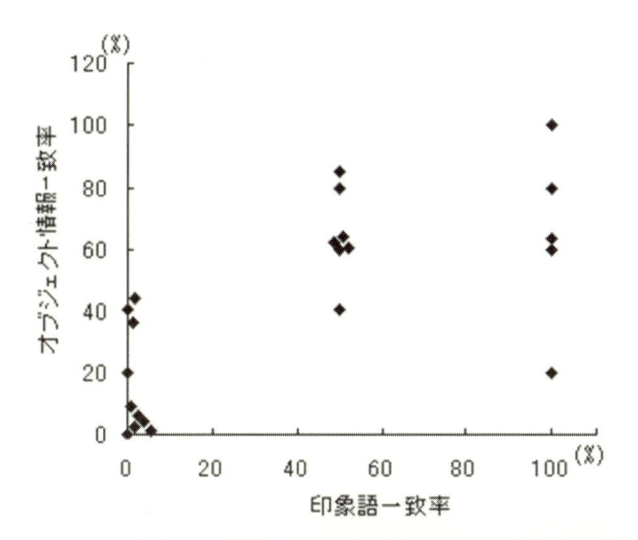

図 4-29 オブジェクト情報入力による図柄の印象予測実験-印象語一致率とオブジェクト情報一致率の関係-（単純な相関性はみられない）

4.5 第 4 章のまとめ

　第 4 章では、印象語によるアパレル素材検索システムの設計において最も必要な情報である、"服地の印象情報とその画像情報の関係"について説明した。
　まず、図柄の印象情報を得るため前章で説明したアンケート結果を用いて、図柄情報との関係を説明した。構成要素を効率的に取得するため、部分的に画像処理を活用して処理効果を高めた例を示した。
　得られた構成要素から印象情報を取得するため、因子分析を用いて印象に影響を与える構成要素へ整理した。8 個の構成要素を説明変数とする印象度予測モデルを構築して、14 語の予測を行った結果、12 語について予測可能な結果が得られた。しかし、矩形や円のような定形的な模様で構成された柄は予測しやすいが、一部の伝統柄のような不定形な図柄は複雑度や黒場率だけでは高い予測結果が得られないことが分かった。
　構成要素を数値化して印象情報との関連性を探ることは自動化の可能性が高く

129

第4章 印象情報と構成要素の関係

効率的である。しかし一方では、複雑な幾何学的情報などは数値化に馴染まない項目も出てくる。そこで人の視覚情報に近づけて図柄のオブジェクトをフレーム言語で記述することにより、多くの幾何学的情報を文字列で表した。

プロトタイプのシステムを構築して、印象語入力による図柄構成の復元実験を行ったところ、一語の印象語入力では一致性は低かった。しかし二語以上からヒット率は急激に高くなる傾向が見られた。

オブジェクト情報から印象語情報の予測実験では、オブジェクト等の一致率に、印象語との一致率は必ずしも反映しているわけではないことが分かった。これらの結果より、ユーザがフレーム形状化しやすいオブジェクトの記述法が必要であることが分かった。一方でオブジェクトの一層の精緻化、およびオブジェクトからフレーム言語への自動化手法の課題が残った。

第4章参考文献

[1] Masato Ishii, Kunio Kondo," Extraction System of Kansei Information for Patterns", *8-th International Conference on Engineering Computer Graphics and Descriptive Geometry*, (1998)

[2] 八村広三郎、英保茂 "絵画からの感性情報の抽出と表現"、文部省科研費感性情報処理の情報学・心理学的研究, (1995) 127-130

[3] 栗田多喜夫、下垣弘行、加藤俊一 "主観的類似度に適応した画像検索"、情報処理学会論文誌 31, (1990) 227

[4] 松井伸二、山田博三、山本和彦 "方向性並列演算を用いた形状特徴の抽出"、電子情報通信学会春季全国大会予稿集, (1998) 6-244

[5] 引間誠、近藤邦雄、佐藤尚、島田静雄 "フラクタル次元によるデザイン画の感性特徴の抽出"、情報処理学会第50回全国大会講演論文集 (2)、(1995) 35

[6] Inohara,T.,et.al. "Classification of Textile Pictures Using a Complexity Scale ", International Conference on Document Analysis and Recognition, (1993) 699

[7] 石井眞人、近藤邦雄 "アパレル製品の印象と文字情報による表現", '98日本繊維製品消費科学会全国大会 (1998)

[8] Robert L.Solso "Cognition and the Visual Arts" ,MIT Press (日本語訳、鈴木光太郎訳:脳は絵をどのように理解するか、新曜社, 35,87-92)

［9］ M.R.Genesereth, N.J.Nilsson, "Logical Foundations of Artificial Intelligence", 古川康一訳、オーム社、(1993) 45
［10］ 真鍋一男"デザイン技法講座1 、(株)美術評論社（1965）90-109

第5章
印象情報予測システム

　前章では、印象語から図形の構成を再現する方法、あるいはその逆に、図形の構成情報から印象を予測するする方法について議論した。本章では、それらの結果をより具体的に実現するため、予測モデルを実装したシステムについて説明する。

　これらのシステムは、印象語の入力情報からそれに合致するアパレル柄あるいはアパレル素材を検索する。もちろん、多少の変更を加えれば前章と同じように逆の検索も可能である。

　はじめの節では、検索システムのユーザの印象語入力インタフェースについて、いくつかのシステムを比較して説明する。そして次の節からは、ニューロモデルによる印象語と構成要素の予測モデルについて説明する。そして最後の節では、ウェブでアパレル素材を検索するシステムを紹介する。

5.1 はじめに

　検索システム設計において設計者が悩むインタフェースのひとつは、ユーザがターゲットを検索するときの入力仕様と思われる。とくに本書で問題としている印象は正確な数量化が容易ではないため、さまざまな入力方法が考えられる。前章でもいくつか説明したが、直接印象語を入力する方法や、尺度化した印象の程度（印象度）を入力する方法が考えられる。前者は、GoogleやYahooに代表される検索エンジンの入力インタフェースでお馴染みであり、大半のネットユーザは抵抗無く使用している。一方後者は数値か数値をグラフィカルに表示したインタフェースである。キーボードに不慣れであってもタッチパネルのように誰もが使用できる点がウリである。しかし、ネットユーザには押し着せられたようなデータをいちいち入力しなけばならないため意外と不評かもしれない。

133

本章では、まず5.2節で2種類の入力情報インタフェースの実験結果を報告する。一つは、語数は固定されているが自由な検索語を入力する方法であり、他はあらかじめ設定してある14の印象語について印象度を入力する方法である。

5．3節と5．4節では、店頭販売で活用できる印象モデルを説明する。これは、今まで議論してきたモデルと少々異なる。素材の印象情報の一部や組成などの特性情報の一部を入力することで、元の全データを想起するモデルである。つまり、ユーザの求める情報があいまいであって、ショップがその全体像を把握しにくい場合、断片的な情報から該当する商品の全体像を探すような使い方が期待できる。あるいは、ショップ側があいまいな場合にも、ユーザが期待する商品を出力することもできる。

そして5．5節では以上のまとめとして、ウェブ上でのショッピングを想定したモデルを説明する。このモデルでは、ユーザは好みのブラウザからツイッターのように、自由に購入したい商品の印象などを文章で入力してショッピングできる。素材データの構築は、第4章のフレーム言語を基にしている。また、検索アルゴリズムは、3．5章で説明した印象の主成分を基にしている。そして、アパレル素材検索システムを構築して検索実験を行った結果を示す。

5.2 印象語入力インタフェース

5.2.1 あいまい性とインタフェース

デジタル画像はライブラリ化やデータベース化されて活用分野は急速に拡大している。これに伴い、デジタル画像検索技法ではさまざまなユーザインタフェースが開発されてきた [1][2]。画像属性として、製作年代や製作者のようなあいまい性の低い客観的な内容であれば、画像属性の的確な分類によりユーザレベルに対応する検索キーワード群を構築できる。ただしこの方法の欠点は、ユーザの検索対象に対する知識レベルにより検索効率が異なることは、3章で述べたとおりである。

一方、画像属性が主観的評価値のようなあいまい性の高い情報を含む場合は、ユーザが検索内容に関する事前知識を十分持ち得なくても、検索効果が上がる場

合がある。動画検索の例ならば、「ロマンチックでこわーい」といった入力語であろう。この場合は、検索対象となる動画とのヒット率を上げるため、動画属性としての主観的情報の数量化も視野に入れる必要がある。具体的には、「ロマンチック」と「こわーい」の両方を満足しており、それらの印象度が標準的なレベルより上位にあることが条件になる。また、入力した文字列によっては、どちらかの優先順位が必要になる。

　この解決に向けて、画像特徴量と主観的評価値との関係を推定し、類似画像を分類・検索する方法も提案されている [3]。これらの方法の長所は、画像特徴量で画像を特定できるため、システムの保守が容易である。しかし前章にて紹介したように、画像計測量と主観的評価値の数量化精度が低い場合は画像ヒット率の低下が生じる。だからといって、すべての画像特徴量を高精度に主観的評価値に対応付けすることは困難である。さらにそれが解決しても、システムの主観的評価値とユーザ間の感性レベル差が課題となる。つまり、ユーザの考えている尺度とシステム側の尺度の差である。

　そこで本節では、システムとユーザ間の検索時に生じるあいまい性の差を埋める画像検索手法を説明する。本手法で対象とするデータベース環境は、画像属性として主観的評価に対応する印象語が整備されており、それらの主観的特徴量（つまり印象度）がすでにいくつかのレベルに尺度化されていると仮定する。無論、どのような方法で尺度化を行っても、またデータベースを構築しても構わない。

5.2.2　検索アルゴリズム

(1) あいまい性とレベル値

　Web 検索などに見られる検索はいろいろな手法が導入されているが、基本的には入力された検索語とターゲットの属性値との距離を計算して、一致度の高いデータを出力していく方法が多い。これを促すためファイルのヘッダーにキーワード群を設定する形式もみられる。画像データベースでも、同様の方法にて検索効率をあげることができる。ただし、画像属性に主観的情報が尺度化されて混在する場合、ユーザと画像の印象度の評価差がヒット率の差として現れる危険性がある。

　そこでこのあいまいさを避けるため、本節では入力したキーワードにレベル値を設定して差別化を図り、これらと画像の属性値を対応つけるモデルを検討する。

これは、ユーザがあらかじめ決められた印象語についてその程度も入力する方法である。もう一つは、ユーザが自由に入力したキーワードについてレベル値を設定する方法である。

以下では、入力したキーワードとレベル値の関係を説明する。

(2) 入力語とレベル値

ユーザが検索質問でキーワード（以下入力語と同意）を単語単位で自由に入力するインタフェースを考えよう。画像属性値の印象度に関連する印象語も辞書化しておくと便利である。

ユーザの入力した単語すべてが、画像属性値である印象度に直結する確率は高くない。とくにその入力語が形容詞のように主観的意味合いが強い場合は、固有名詞に較べて一致率は低下する。一方一致率を上げるために、印象語辞書を予想できる全入力語に対応させることは、費用や保守性から考えても大変である。そこで入力語と印象語を比較して、文字の一致性が高いときはあいまい性が低いので、対応する画像を選択するレベルを高くする。一方低いときは、レベルを低くするように制御する。ただし、印象に関係の深い形容詞は文字数の一致割合で判断すると、'苦しい'、'楽しい'のように、一致割合は 2/3 と高くても、全く反対の語が選択される可能性がある。そこで、形容詞においては先頭文字に多く使用される漢字に着目し、先頭文字からの一致割合 (R) を用いる。

つぎに、印象度にかかわらず文字の一致割合だけで機械的に画像抽出する危険を回避するため、入力語のレベル値に入力順を加味する。一般に物の検索は、その特徴を最も表しており普通に用いるキーワードから入力する[*1]だろう。あるいは専門分野の人は、検索対象だけに特有な専門的な語を用いるかもしれない。そこで、入力語の一番目と二番目は、他の語よりもレベル値を多くすることで、単純に語の一致性だけで結論を出す危険性を回避する。これにより得られた値 (V) は、属性値である印象度に対応するので、お互いの距離を計算することで画像を求めることができる。

V は次式で計算する。

注1　たとえば Yahoo!JAPAN の「サイトの順位を上げるには」では、検索順位を上げるために重要なキーワードを含めて7つのポイントが記述してある。また、良く用いられるキーワードを紹介するサイトもある。

$$V = LR \quad (5\text{-}1)$$

ここで、
 V ：印象度に対応する各入力語の主観的評価値
 L ：レベル値（一番目と二番目は最大値）
ただし、
$$R = Ns/Nk \quad (5\text{-}2)$$
ここで、
 Ns ：先頭文字から一致した文字数
 Nk ：入力語あるいは印象語の多いほうの文字数

(3) 最適画像

全入力語について V を計算する前に、各語は属性値の印象語に対応付けられる。この処理は、後述の類似語辞書により決定する。もし、対応する語が見当たらない場合は、その語のレベル値に関係なく対象から外れる。

目的画像は、全画像について入力語に対応する印象語の印象度 (Xi) と V がとの差の絶対値の合計距離（Y）を計算して、その最小値から表示する。

この Y の計算式を式（5-3）に示す。これらの関係を図 5-1 に示す。

$$Y = \sum_{i=1}^{n} | V_i - X_i | \quad (5\text{-}3)$$

ここで, Y ；距離
 X_i ；印象度
 n ；印象語数

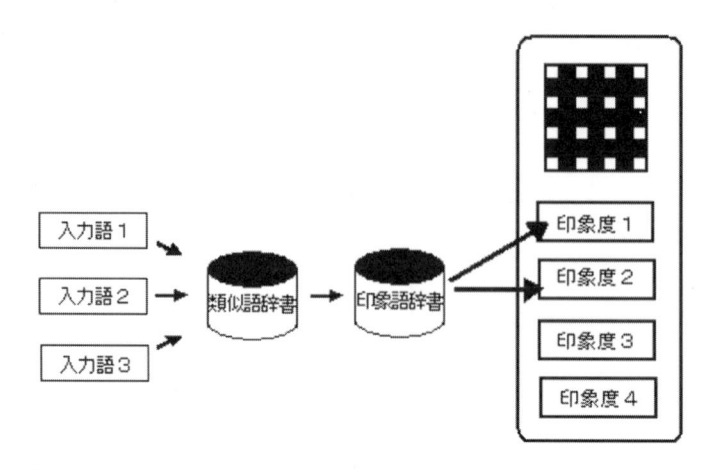

図5-1 キーワード入力の流れ（三語入力のうち、二語が印象語として選択された例）

(4) 類似語と反意語

入力語が自由である場合、Rの低下による画像ヒット率の低下は避けられない。そこでRの向上を図るため、今回の実験では明らかに語の内容が近似する類似語や同意語をまとめた類似語辞書を構築し、該当する入力語の変換を行っている。たとえば、「硬い」と「固い」あるいは「ハード」は、厳密には各語の意味は異なる。しかし画像を表現する語としては区別する必要性が薄いと判断し、用いられている印象語に変換させた。例を表5-1に示す。

一方、反対の意味を持つ語についても同様に反意語辞書を構築した。この場合は、該当する印象語の印象度を最低レベルに変換した。たとえば、入力語が「寒い」のとき、画像の印象語に「寒い」が見当たらず「暖かい」（印象度b）があれば、印象度-b（マイナス）に変換される。

表5-1 入力語の変換例（類似語辞書）

入 力 語	変換された入力語とコード
柔軟な	柔かい　（_soft）
軟らかい	柔かい　（_soft）
お洒落	しゃれた　（_smrt）
おしゃれ	しゃれた　（_smrt）

5.2.3 検索システムと検索実験

(1) 入力語数とシステム

　自由入力文字は全角かな漢字使用以外の制限は無い。入力語数は本実験に用いるデータベース規模と分野の限定性を考えて AND 検索、最大 5 語に設定した。

　また自由入力インタフェースと比較するため、印象語を設定してそれらの印象度を画像からクリックして入力するインタフェースを構築した。この入力語は、第 3 章を参考にして選んだ 14 語である。

　なお、システムは Microsoft 社の Access で組んである。

(2) 印象語と画像データ

　実験で用いる画像データは、分野別に分類してある。今回の検索画像はアパレルやインテリアに用いる 75 種のテキスタイル柄カラー画像群である。各柄を評価する印象語は、画像データ全分野の活用と画像の追加・変更を視野に入れてアパレル、ファッション、素材関連分野の用語や感性的な語も収集してある。収集した語は、類似語、反意語を除き 1,370 語である。本実験では、これらの収集した語から、テキスタイル柄の印象を表現する際に多用される語を第 3 章の表 3-5（p.55）を参考として 35 語選択した。類似語辞書では、この 35 語に入力語を関連付ける。

　画像の属性値は、35 印象語による画像評価値（印象度）である。各語について印象度は 0 中心に 5 段階評価 {2,1,0,-1,-2} してある。各画像について、印象度の絶対値が 1 以上である語数は、7〜10 である。したがって全画像が前述の 14 語の入力語数に対応しているわけでは無い。

　なお各画像の印象度は 45 から 90 名による評価値の平均値と構成要素からの計測値である。

(3) 実験方法

　検索手法を比較検討するため、自由に入力するシステム（A システム）と検索キーワードとして限定された 14 の印象語を用いた手法（B システム）との比較を行った。

　A システムは、自由にキーボードより最大 5 語のキーワードを入力する。二番目までの入力語は、はじめのレベル値 (L) 2 が付与される。以降三番目から五番目までは 1 である。

第 5 章 印象情報予測システム

　Bシステムの入力は、14 種類の各検索語について 5 レベルの値をマウスまたはキーボードより入力していく方法である。入力値は、5 段階評価 {2,1,0,-1,-2} に変換される。

　実験の評価は 10 名で行い、一番目の出力画像について評価して画像ヒット率を求めた。Aシステムの入力画面と出力画面を図 5-2 と図 5-3（口絵も参照）に示す。Bシステムの入力画面と出力画面を図 5-4 と（口絵も参照）図 5-5 に示す（口絵も参照）。

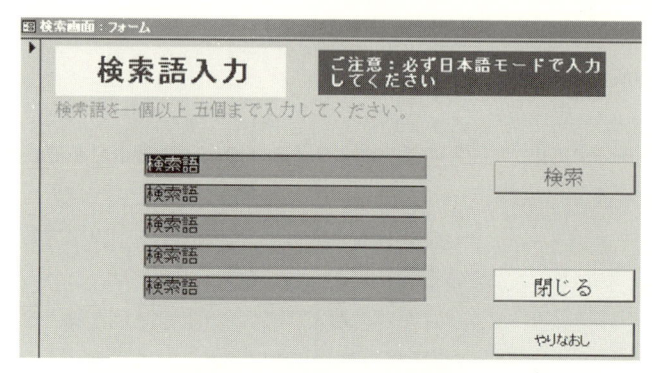

図 5-2　Aシステム入力画面

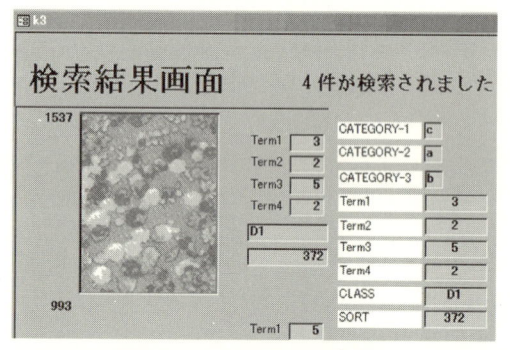

図 5-3　Aシステム出力画面

140

5.2 印象語入力インタフェース

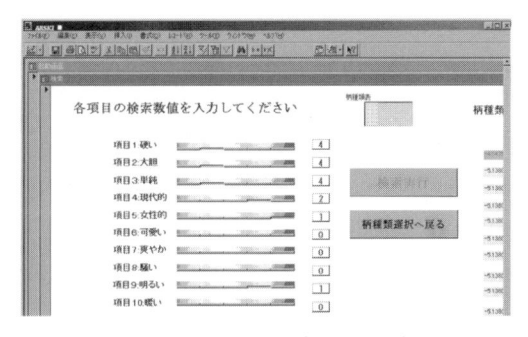

図 5-4　Bシステム入力画面の一部

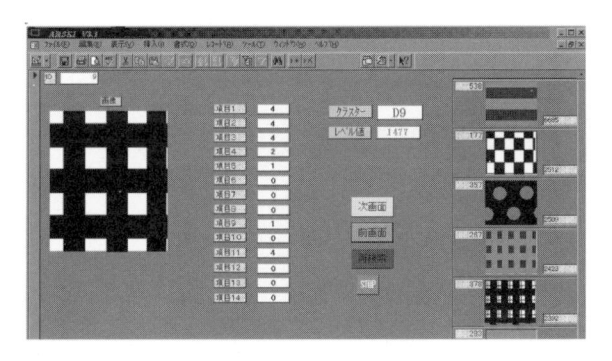

図 5-5　Bシステム出力画面

(4) 実験結果

　Aシステムのヒット率平均は 20％であり、Bシステムの平均は 33％であった。ヒット率が低いのは、評価方法に因るところが多いので、これだけでヒット率の高低は評価できない。しかし"入力しやすさ"に関しては、10名の評価者のうち7名がAシステムの優位性をあげていることから、使い勝手では、あらかじめ用意された検索語の入力より有利である。システム構築側から考えれば、あらゆる検索語に対応するよりも限定した検索語システムのほうが、画像との関連付けをしやすい。ただ今回の実験では、画像データの属性値を両システム共通に使用したこともあって、入力値と属性値との対応つけは、Bシステムに有利に働いたと考える。

　入力のしやすさに関する評価者の意見を図 5-6 に示す。Bシステムを選択しない理由は、"入力語数が多く印象度の入力に時間がかる"、"適切な入力語が無いこ

141

ともある"などであった。

Bシステムのユーザ側からみた適切な入力語数は、少ないほうがユーザの負荷は少なくなるがヒット率は低下していく。アンケートでは、4語が入力の適切な数との結果であった。また、5段階の印象度は入力しやすいとの意見が多かった。

以下、まとめてみよう。入力語設定方式はユーザの負担を考慮すると、5段階の印象度により4語程度の検索が望ましい。キーワード自由入力方式は、使い勝手は優れているがヒット率を上げるには、属性値と入力値との対応つけが課題である。これは、類似語辞書と印象語辞書の充実が必要となる。

次節では、これらの改善を念頭に置いて、小規模の印象モデルを対象にして説明する。

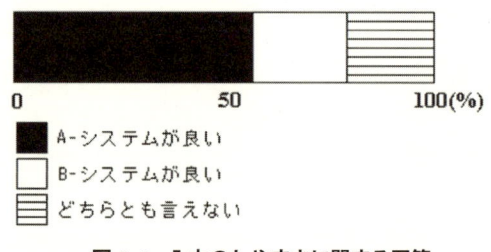

図 5-6　**入力のしやすさに関する回答**

5.3　小規模単層ニューロモデル

5.3.1　モデルの特徴

これまでは、中規模以上の検索システムを想定して議論を進めてきた。本節では小規模なデータを装備したコンパクトなシステムを検討する。

アパレル素材において、数種のアイテムやローカルなショップなどの限定された商品であれば、大きな規模のシステムよりも小回りのきいてメンテナンスが容易な小型の製品情報システムも重宝されるだろう。本書のテーマである印象から図柄を予測―あるいはその逆―の場合は、機械的に計測不可能な図柄に関してはアンケートによりデータをとらざるをえない。そのときの手間や費用もばかにな

らない。これらの点で、これから述べる本節の手法は根本的な解決にはならないが、コンパクトさがゆえにシステム構築には時間節約や費用削減に結びつくだろう。また、小規模なシステムはモバイル端末等の携帯性の高い情報機器による操作が可能である点も見逃せない。

　本節では、計測された画像特徴量から、印象などの主観的情報を短時間で求めることが可能な手法について検討する。活用例としては、テキスタイル情報と製品の印象との関係のようなメモ的な知識の記憶機能などが考えられる。また製品コンセプトに合った素材や衣服の設計を支援するモデルも面白いかもしれない。もちろん良い事ばかりではない。欠点もいくつかある。それは、本節の終わりに述べる。

　はじめにモデル決定の経緯を説明する。画像特徴から印象情報を求めるため、画像情報を入力するモデルは以下の特徴を考慮する。
①さまざまなシステムに容易に組み込めること。
②アパレル製品情報のノート的な使い方ができること。
③ユーザが自らモデルを更新できること。

　これらに対応するモデルとして、情報の一部を入力すると記憶してある情報の一部あるいは全部を想起する連想記憶モデルを検討する。連想記憶モデルは、一般にバックプロパゲーションに代表されるニューロモデルの仲間である。これらはいろいろなタイプが提案され [5]、応用されているが [6]、はじめに上記2つの条件に最も合致すると思われるアソシアトロン [7] を取上げる。

　本節で使用する連想記憶モデルは、単層あるいは2層から成る単純構造である。特徴は、いくつかの記憶したパターンを入力データから想起することができる点にある。つまり、アパレル素材の特徴パターンを記憶しておき、印象または構成要素情報からそれらのパターンを想起することを試みる。

　次項ではニューロモデルの構成とアパレル素材への応用について説明する。

5.3.2　連想記憶モデル

(1) 連想記憶モデルの仕組み

　連想記憶モデルといえば、最も有名なひとつはパーセプトロンであろう。
　パーセプトロンは、1962年に出版されたFrank.Rosenblattの著書の中でさまざ

第 5 章 印象情報予測システム

まな定義付けがされた。パーセプトロンは複数の入力神経細胞（ニューロン）とひとつの出力ニューロンで構成された単純な構造である。信号の伝達は、入力ニューロンから出力ニューロンへの一方通行であるが、この間の結合にウェイトが付与される。したがって、出力ニューロンは各ニューロンからのウェイトが乗った情報の総量が入ることになる。これに閾値を設定して、1 または 0 の値を出力する。

本節で扱うアソシアトロンは、1970 年代に中野馨が提案したモデルである。パーセプトロンの入力ニューロンが互いに独立構造であるのにたいして、すべてのニューロンは互いに連結している（図 5-7）。つまり、各ニューロンの状態は、シナプス結合により他のニューロンに伝達される構造である。また、各ニューロンは {-1,0,1} の値をとる。外部からの入力パターン情報によりニューロンは正か負の値をとるが、0 はあいまいな状態を示している。記憶したい複数個のパターンを入力すると、ニューロン間の結合力が変化する。たとえば類似のパターン間の状態は一層それが強化される。したがって、元のパターンの想起は、その強化された一部を入力することにより元の情報を得る可能性が高まることになる。

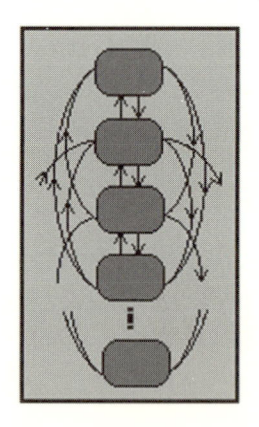

図 5-7　アソシアトロンの構造

アソシアトロンモデルの細胞間の結合力を表す記憶行列 M は式 (5-4) で表すことができる。

$$M = \sum_{k=1}^{n} x_k x_k^T \qquad (5\text{-}4)$$

5.3 小規模単層ニューロモデル

ここで、X_k は、入力パターン情報である。

想起される情報 z は、入力データ y により式 (5-5) で出力される。

$$Z = \phi\{\phi(M)y\} \quad (5-5)$$

ここで、φ は量子化関数であり、最終的な出力値を {1,0,-1} に量子化する。

(2) パターン情報

本モデルで扱うパターンは、衣服用織物からアイテム、男女別および素材物性を変数としてクラスタリングした素材グループである。その内容は、30 点の秋冬物婦人服地であり、色、柄は統一していない。その一部を**図 5-8** に示す。（口絵も参照）

図 5-8 用いたテキスタイル生地画像（一部）

このモデルはコンパクトでありながら、計算量にたいする効果が高い出力精度を狙っている。そのため入出力に用いるデータ項目はなるべく少なく設定してある。

素材の物理的情報は、最初は色情報だけを取上げた。色情報は、色相別に単色あるいは多色としては取り扱わず、画像の全体情報として捉えている。具体的にはグレー、RGB 情報に関して、それらの画素値と分布に関する 20 項目ついて検討した。測定項目の一部を**表 5-2** に示す。

表 5-2　色情報測定項目（一部）

コード	測定内容
Vrgb	RGB などの平均画素値
Srgb	RGB などの画素値標準偏差
Mrgb	RGB などの最大画素値
HVrgb	RGB などのヒストグラム最大レベル

　一方の印象情報は、表 5-3 の 8 種の印象語を使用して視覚と触感で官能検査を行い、素材の印象度を測定している。用語選択基準は、前章の印象特性因子を参考にして、素材の色に関連する語を追加した。そして日常で一般的に用いられていることや消費者がモデルを使用することも考慮して、世間で広く認知されている語に絞った［8］［9］。なお、使用頻度が高くても流行的色合いが高く、一部の年齢層しか用いられない印象語は除外してある。

表 5-3　はじめの官能検査用印象

官能語 1	官能語 2
女性的	暖かい
レトロ	英国調
シンプル	爽やか
繊細	明るい

5.3.3　実験

(1) 相関性による色情報の選択

　式 (5-3)，(5-4) で表すモデルは、複数の画像情報を記憶することができるのでシステムがコンパクトになり、可搬性に富む。一方このモデルは、M（記憶行列）を自己相関で表現している。そのため、一部のモデルを除いて類似情報（パターン）を入力していくと、直行性の低下により記憶してあるパターンの正確な想起が困難になることが指摘されている。つまりアパレル製品情報のように、製品のコンセプトやデザインといくつかの色情報が相関関係にある製品は、パターンが類似する可能性がある。その結果多くのサンプル情報を記憶すると、細かな情報は正しく想起されない危険がある。これを回避する方法のひとつは、ニューロン数を増加して入力パターンの属性数を増やしていけば、確率的に類似情報は減少

する。しかし、モデル規模は大きくなるので本実験の目的とは逸れてしまう

そこで全入力データの類似性を検討することは大変なので、簡便法として、パターンから類似性のある項目があればそれを消去する方法をとった。このことにより、パターン全体でみれば、類似属性が減ることで別な属性を組込むことができる。あらかじめ入力前に色情報と印象情報の全情報の相関性を検討し、類似した相関性が重なる場合は、項目を整理して剛軟度のような物理的な特性値や印象情報を挿入した。

色情報と主観的情報の相関性の一部を図 5-9, 図 5-10 に示す。たとえば図 5-9 では、RGB の B（ブルー）(Vb）と「爽やか」の印象度との相関性が高いので、RGB の B を削除した。また図 5-10 も同様に、RGB の B(Db) も削除した。

このような操作を経て最終的にパターンは 21 の色情報及び物理特徴量となった。これに 8 ニューロンの印象情報を加えて合計 29 で構成した。

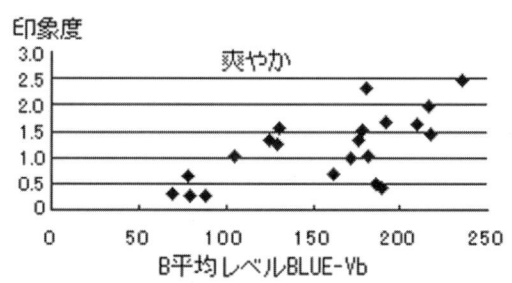

図 5-9　Bのレベル（平均）と印象度（爽やか）の関係

(2) 未決定値数と想起再現率

データの想起は、{1,-1} のパターン情報の入力により想起できる。しかしパターン記憶装置とは異なるので、データ入力により、完全一致で前に記銘したパターンが表示される保証は無い。

入力データの情報量が多いほど、記銘されているパターーに近い想起データを得ることができそうであるが、記憶されているニューロン間の結合力への影響の大きさが重要であるから、直線的に増減するわけでは無い。図 5-11 は、入力情報の未決定値 {0} の数と、それに対応する想起再現率のシミュレーション例であ

147

第 5 章 印象情報予測システム

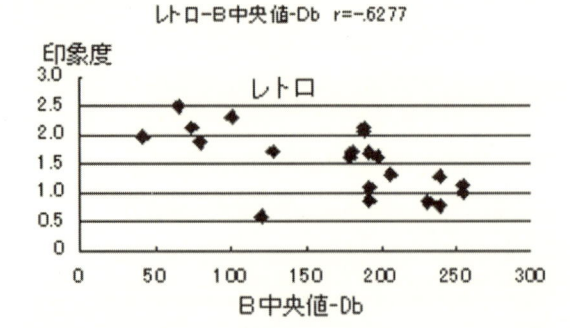

図 5-10　B のレベル（中央値）と印象度（レトロ）の関係

る。その結果、未決定値数が 1 か 2 個の場合は想起再現率が 76〜78％の範囲にあるが、未決定値数が 3 以上では想起再現率が 1〜2％低下している。ただし、入力パターン情報によって大きく変わっていることが分かる。全体的には、想起再現率は未決定値 3 から 10 個の場合で 55〜70％の範囲に集中した。

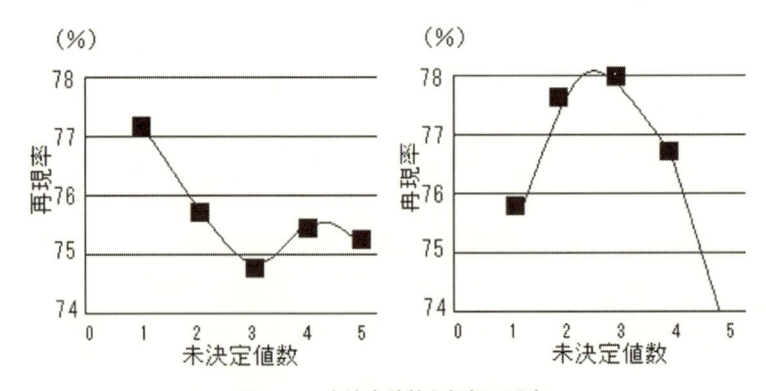

図 5-11　未決定値数と想起再現率

つぎに記憶した複数のパターンが類似していた場合は、そのパターンに近い想起データ入力を行えば、記銘していたデータに近い値を得る可能性は高くなるだろう。逆に記憶したパターンが部分的に他パターンと重なった値をもっている場合は、入力情報により予想と異なる結果が出るかもしれない。

アパレル素材は、無限の種類が存在する。したがって、それらからランダムに抽出した多くのパターン情報を記憶しても、記憶限度があるため満足のいく結果

を想起させることはなかなか難しい。このような特性を考慮すると、連想記憶モデルを印象情報から素材情報を特定する検索装置よりも、素材の特徴と構造を記憶させてそれらを想起するような、目的を特定した記憶装置としての活用が良いのではないか。この場合は、新たなデータが記銘されるたびに、モデルは内容を更新していく。これは、素材特徴と構造の一層確かな関係性を築いていく可能性がある。ただし、過剰のパターンを記憶したときは、前述の欠点がでてくるが。

この実験では、サンプルをプリント生地に限定しているので、プリント生地の特性と風合いの知識が記憶されていると考えられる。すると、素材をランダムに選択した場合よりプリント生地に特化した記憶装置としての効用は高いと思われる。たとえば、「暖かく、軽い、明るい」風合いの素材ならば、基本的に「剛軟度小さい、含気率大きい、Rが高い・・・」などの知識を瞬時に得ることができる装置を構築できる。

もし、さまざまなタイプのアパレル素材を一まとめにして記憶させた場合、信頼性のある結果を得るにはニューロン数の増大と多くのデータ入力に時間が割かれにることになろう。そのような状況であれば、連想記憶モデルを用いる必要性は無く、前章までに議論してきた入力データと保存データの一致性の計算で良いのである[*2]。

本項では、あらかじめアパレル素材を物理特徴量などでクラスタリング[*3]を行っている。詳細な結果は省略するが、クラスタリングしない場合との比較では、未決定値数によって想起再現率が異なる結果が出ている。最終的な結論に関しては、これからの実験の積み重ねが必要である。

最後にもうひとつ加えると、前に述べたとおりパターンデータは {1,-1} である。したがって、全データはこれに合致するため変換する必要がある。これはなかなか難しい。閾値の設定が想起データに影響を与えるため、適切な値を試行錯誤する必要に迫られる。

図 5-12（口絵も参照）に想起実験画面を示す。図 5-13（口絵も参照）にクラスタリング実験画面を示す。そして、図 5-14 に本実験の処理の流れを示す。

注2 連想記憶モデルの記憶容量の増加に関しては、次節でより大きなデータを扱いやすいモデルを説明する。
注3 詳細に関しては、参考文献 [19] を参照されたい。

第 5 章 印象情報予測システム

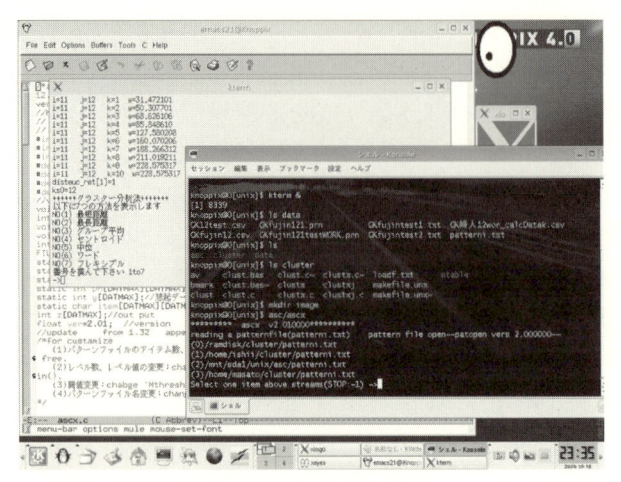

図 5-12　想起実験画面

図 5-13　クラスタリング実験画面

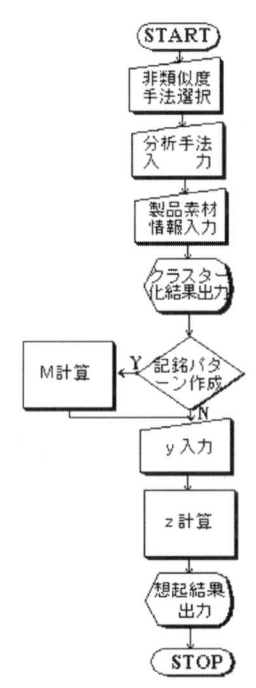

図 5-14 クラスタリングを導入した連想記憶モデルの処理の流れ

5.4 小規模二層ニューロモデル

5.4.1 双方向想起型モデル

　本節では前節に続き、アパレル素材の視覚情報と触感情報を組込んだ連想記憶モデルを作ってその動作を検討してみる。
　連想記憶モデルは、以下の特徴を考慮して決定しよう。
① 　簡単な組込み。
② 　容易なメンテナンス。
③ 　低負荷システム。
④ 　単純な操作。

151

前節では、「簡単な組込みによる可搬性向上」、「ノート的な使用」そして「容易な更新」を目指したモデルを検討してきた。

これらに対応するモデルとして、連想記憶モデルのひとつである「アソシアトロン」を取上げた。このモデルは、パターン情報が入力されると、記憶してある情報の一部あるいは全部を想起する特徴を有す。この特徴から、アパレル素材の色情報、物理特徴量あるいは印象情報を探りたい場合、明らかになっている部分の情報を入力することで、記憶されたパターンを想起することができた。

ただし、この連想記憶モデルは完全にすべてのパターン情報を想起できるわけでは無い。記憶しているのは記憶したパターン情報の自己相関行列であるから、記憶行列が有効に活性化するようなパターンが入力された場合は、極めて効果的な動作を行う。すなわち、元のパターンに近い情報を想起するので想起再現率は高くなる。しかし、逆の場合は想起再現率の低下が懸念される。

そこでこの状態を少しでも回避するため、無限とも言えるアパレル素材をクラスター化する方法を導入した。これは、あるアイテムなどに共通性のあるパターンをまとめることで、特性値と風合いのように物理情報と主観的情報の知識を総合的に想起する記憶装置的な活用モデルであった。

本節で説明する連想記憶モデルは、前節と同様の相関行列を用いた想起であることは変わりない。しかし、アソシアトロンは基本的に単層で構成される自己結合型ネットワークである。つまり、記憶してある内容の一部から全体の情報を想起することができる。このことは、「暖かく、軽い、明るい色」の素材の詳細を想起する場合には便利である。つまり、印象情報や物理特徴量などが混在していても、入力情報としては支障が無い。

一方、印象情報だけで素材のさまざまな特徴量を検索して、その素材を特定したい場合は、あまり適切では無い。精緻な出力を望むのであればネットワーク構成をより大規模にする必要が出てくるだろう。

そこで本節で取上げる連想記憶モデルは、BAM (Bidirectional Associative Memory) という入力層と出力層が別れている双方向想起型のネットワークである。入出力が異なるため、物理特徴量と印象情報を別の層に振り分けることができる。これにより、印象情報の入力からそれに対応する素材の特性値や素材そのものを想起できる可能性がある。

5.4.2 連想記憶モデルによる想起

(1) 二層連想記憶モデルの構成

BAMの原型は二層で構成される単純なネットワークである。各層のニューロンは独立しており相互の結合は無い。ただし、他層のニューロンとは結合している。この構成を図5-15に示す。

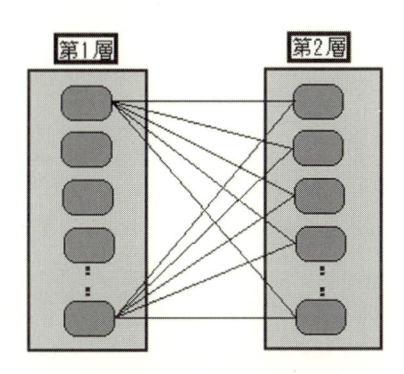

図5-15　BAMの2層構造

シンプルがゆえに、記憶容量はニューロン数で限定されることになるが、記憶容量を拡大する試みがいくつか発表されているので、興味のある読者は他書を参考とされたい [10]。

このモデルでは、入力層のニューロンと出力層のニューロンの関係は、他の相関ネットワークモデルと同様、式(5-6)で表される。

$$W_{ij} = \sum_{k=1}^{n} X_i^{(k)} Y_j^{(k)} \qquad (5-6)$$

ここで、$X^{(k)}_i$ は、第1層の入力ベクトル要素である。また、$Y^{(k)}_j$ は、第2層の入力ベクトル要素である。また、n は、記憶するパターン数である。W_{ij} は、ニューロン同士の結合力を表す記憶行列である。

入力層を第1層として出力層を第2層としたとき、計測した色あるいは物理特徴量から印象情報を想起する場合を想定しよう。まず、いくつかの計測値と印象度のパターンを記憶して、W_{ij} を計算する。そして、新たな計測値が第1層に入力されたときに、連想記憶モデルは入力値に対応する印象情報を出力する。この

とき、入力データが欠損値を含んでいても、連想記憶モデルが正常に想起するのは、アソシアトロンと同じである。

たとえば、どちらかの層の入力 (si) によりデータが $s'i(=Wjisi)$ になったとする。出力層のニューロンは、$s'i$ の総和から閾値を減じた値 S となり、最終的に想起される情報 Z は、式（5-7）で出力される。

$$Z = \phi (S) \qquad (5\text{-}7)$$

ここで、ϕ は量子化関数であり、出力値を {1,0,-1} に量子化する。

(2) モデルの状態遷移

式（5-5），(5-6) で表す連想記憶モデルは、小さいながら複数の服地情報を記憶することができる。したがって、ユーザはモバイル機器で、どこでもシステムを使用できる。しかし連想記憶モデルは、一部のモデルを除いて、Wij を自己相関で表現しているため、類似パターンの入力により、記憶データの直行性が低下することは、前節で述べた通りである。その結果、記憶してあるパターンの正確な想起の困難性が指摘されている。そこで記憶データの再現性（以下、想起ヒット率）の低下を避けるため、連想記憶モデルの状態を遷移して、記憶容量を増加する方法が提案されている。本モデルでもこれらの手法を用いている[*4]。

5.4.3 二層連想記憶モデルによる想起実験

本項では、アパレル素材の物理特徴量などの計測項目から印象情報を想起する実験を説明する。物理特徴量は、製作現場で手軽に計測できる項目を選択している。印象情報は、触感などの官能量を充てることで実践的な実験 [11] を行う。この逆の想起も基本的には同じである。今回は色情報関連の項目は計測していない。

(1) 素材情報

素材情報として、アパレル製品中でも特に生産量の高い 395 点のコート用とスーツ用婦人織物服地を選んだ。195 点の服地がコート用であり、他はスーツ用である。素材、染色法、加工法は統一されていない。

図 *5-16*（口絵も参照）にコート用生地を、図 *5-17*（口絵も参照）にスーツ用

注4　PBLAB や Quick Leaning Algorithm などが発表されている。

生地の一部を示す。

図 5-16　コート用生地（一部）

図 5-17　スーツ用生地（一部）

(2) **素材計測項目**

素材計測項目は、会社などの現場で測定可能な項目を想定して選択した。これらの項目は、特別な訓練を必要としないで誰でも簡単に計測できる。測定機器類も手頃な価格帯で購入できる。

繊維素材の計測環境は厳密には調温調湿が可能な実験室で行うことが望ましいが、本実験では最終的に閾値にかけられて量子化関数で変換される。したがって測定環境の違いから生じる差は、ほぼ測定誤差として処理して構わないだろう。

計測項目数は 10 である。項目の一部を**表** *5-4* に示す。

(3) **官能検査**

印象情報に触感等視覚情報以外の官能量を用いるには、準備が必要かもしれない。繊維素材の物理量と官能量に関する研究は、これまで多くの業績が蓄積され

表5-4　素材計測項目（一部）

測定項目	測定内容
重さ	素材単位当たり重量
厚さ	素材の平均厚さ
組成	繊維の混用割合
密度	たて，よこ方向密度

ている[12][13][14]。また、風合いを量的に測定するシステムが広く使用されていることも周知の事実である。

　本実験でも、風合いの測定器などを用いて官能量を算出することも可能かもしれない。しかし、それらを用いず連想記憶モデルを導入することは、モデル自体が完結したシステムでは無いからである。連想記憶モデルは、ユーザが後からパターンを自由に追加して、それ自体変化していく。たとえば新しい分野の素材開発が行われていた場合、以前のデータの上に新たなパターンが追加されていくことにより、モデルがそれに合わせて変化していく可能性がある。

　つまり、人が記憶していた内容の一部からそれに関連する別の事柄を思い出すように、そこに新たなページが付け加えられる感覚に近いのではないだろうか。従来の入出力情報に上乗せした新たな情報が追加されて、連想記憶モデルはさらに進化することができる。

　さて本題からやや逸れてしまったが、既存の設備を使用しない場合は素材の官能量の測定が一番の難関かもしれない。前章で議論した範囲の視覚情報であれば、画像処理でカバー可能な個所も少なくない。しかし素材の場合は、風合い測定器などの設備の充実した実験室を除けば現場で簡単に処理できる環境は少ないだろう。

　また、本実験で用いるデータも高い精度の物理量を必要としないことは明らかである。したがって、ある程度訓練を積んだ検査員が客観性を保って計測できる環境が得られれば十分と言える。ただし、視覚による検査でさえも熟練者と準備期間が必要である。触感は、さらに準備が必要かもしれない。

　本実験では4人のエキスパートが、選択した10の用語を用いて官能検査を行った。測定尺度は5段階である。

　検査用語の一部を表5-5に示す。

表 5-5 官能検査用語（一部）

官能語1	官能語2
毛羽だっている	こしがある
暖かい	しゃり感がある
かさばっている	硬い

5.4.4 実験

(1) パターン記憶数と想起ヒット率

　連想記憶モデルの記憶容量を検討するため、パターン記憶数とそのときの想起ヒット率の関係を調べた結果を、図 5-18 と図 5-19 にアイテム別に示す。

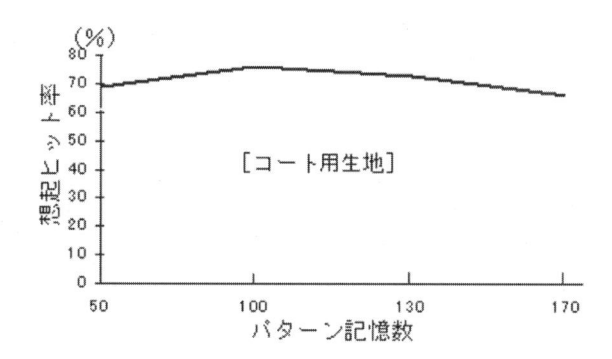

図 5-18　パターン記憶数と想起ヒット率の関係（コート用生地）

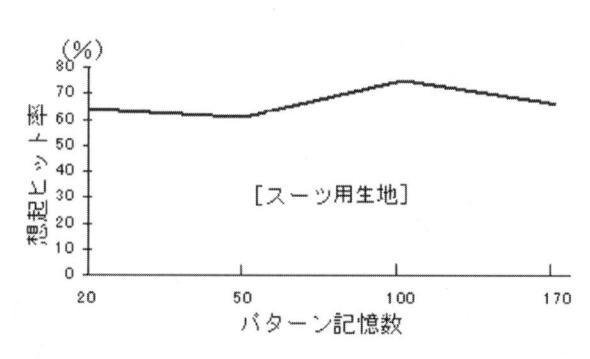

図 5-19　パターン記憶数と想起ヒット率の関係（スーツ用生地）

　スーツ用生地の想起ヒット率を計算している実験中の画面を図 5-20（口絵も参

照）と図 5-21（口絵も参照）に示す。

　コート用生地は、パターン数が 100 から 130 パターン近辺で、想起ヒット率が 75 ％を越え、その後は緩やかに低下していく傾向がみられる。スーツ用生地は、コート用生地に比較して全般的に想起ヒット率は低い。想起ヒット率が最も高いときの記憶パターン数は、コート用生地と同じく 100 パターン近辺であり、その後は低下していく傾向も良く似ている。

　これらの結果から、このモデル規模ではパターン数が 100 までは想起ヒット率は少しずつ増加する傾向にある。そして 100 以上では、徐々にヒット率は低下するが極端な減少は見られない。実用上の想起ヒット率をどのあたりに設定するかは、各現場で経験的に決めるしかないが、素材の明確な違いを特定するには平均値で 80 ％以上は必要であろう。この点からみれば、二層連想記憶モデルも満足する値に達していない。

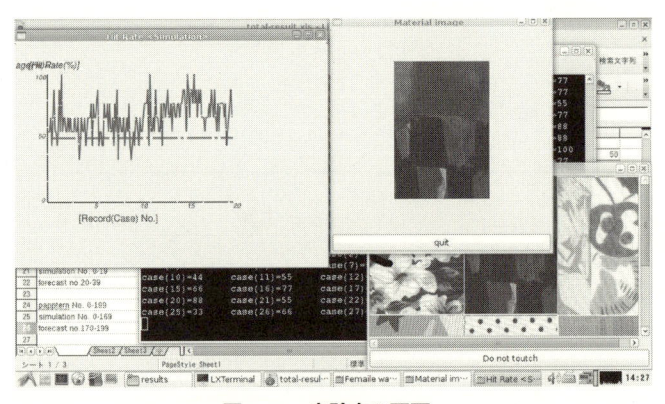

図 5-20　実験中の画面 1

(2) 入力欠損値数と想起ヒット率

　次に、パターンを想起する場合の入力値の数に関して検討してみる。連想記憶モデルの特徴は、入力値に欠損値が生じても記憶パターンの相関行列が保存されているので、想起が可能なことであった。この長所は、記憶パターン数を制限する要因のひとつにもなるのであるが、本実験の範囲内では、図 5-18 と図 5-19 から 100 以上のパターンでも想起ヒット率に大きな低下はみられなかった。

　そこで、入力値の数を変化させたときの想起ヒット率の変化を検討してみよう。

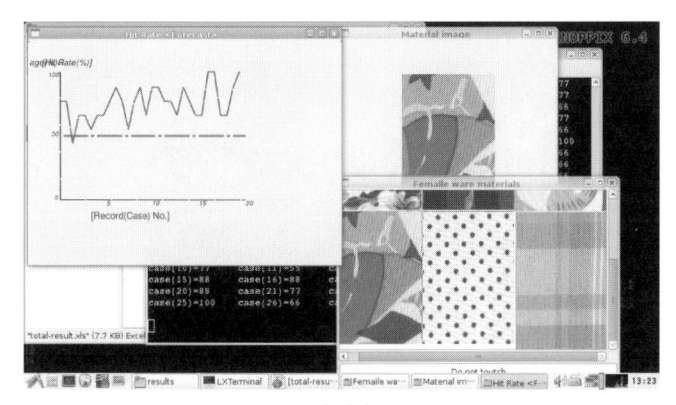

図 5-21　**実験中の画面 2**

　記憶パターン数を変えないで、欠損値を実験ごとにランダムに決定する。そして入力層の欠損値数を変化させたときの想起ヒット率の挙動を検討する。この結果を、素材別に図 5-22 と図 5-23 に示す。

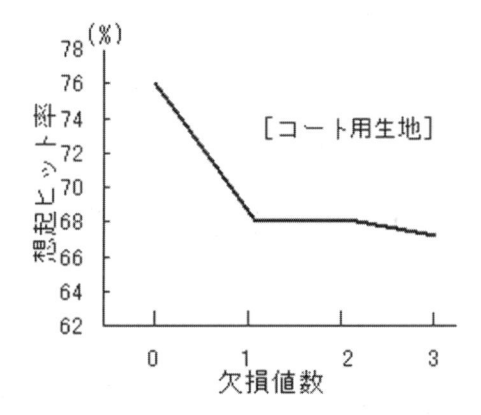

図 5-22　**入力層の欠損値数と想起ヒット率の関係（コート用生地）**

　素材の種類にかかわらず、両方とも同様の挙動を示している。欠損値数が 1 個以上増加すると、想起ヒット率は 10%以上低下している。この低下率は、スーツ生地の方がコート生地よりも大きい。しかし、どちらの素材でも、欠損値の増加にかかわらず、想起ヒット率は 68%前後である点が興味深い。

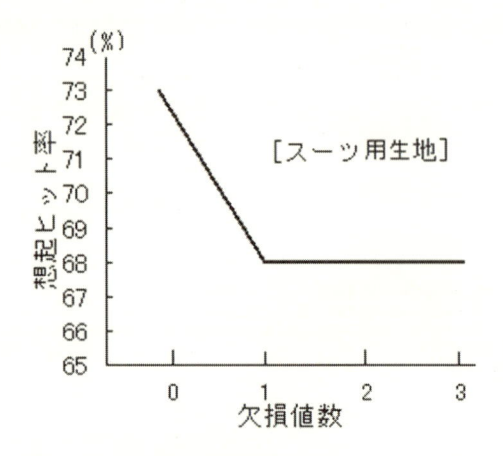

図5-23　入力層の欠損値数と想起ヒット率の関係
（スーツ用生地）

5.4.5　連想記憶モデルのまとめ

　連想記憶モデルに関して2節を設けたので、ここでまとめておこう。

　この2節では、素材計測情報から印象情報を想起する、あるいは印象情報から素材情報を想起するシステムを構築するため、単層と二層連想記憶モデルについて議論した。

　連想記憶モデルは、その構造的要因により記憶容量の限界が指摘されてきた。しかし今回の実験の範囲では、学習アルゴリズムなどの導入により、ヒット率の判断に問題が残るが100以上のパターンに対応できるモデルもあることが分かった。

　また入力値に欠損が生じた場合、平均的な想起ヒット率は両連想記憶モデルとも実用範囲内で保つことができる見通しを得た。BAMでは、第1層の入力値に欠損値が含まれると、入力データの欠損値数の増加に従って、想起ヒット率は約10%低下していくが、想起ヒット率は68%前後で一定であった。

　これらの連想記憶モデルは基本的に入力データの相関行列を記憶して、それらを刺激する情報を入力することにより、関連するデータを想起する仕組みである。したがって、ユーザの入力情報に最も適した製品コードを検索するシステムとして活用するには、十分な入力情報とその入力を支援するインタフェースの充実が不可欠である。しかし相関行列だけで、個々のパターンを完全に想起することは難しいと言わざるを得ない。むしろ、製品情報の特徴を入力することで、それに

関連する情報が得られるシステムに向いているだろう。簡単な例えで言えば、「甘い撚り」、「太番手」、「紡績糸」の3つの入力情報から「ふっくらした」、「軟らかい」、「暖かい」といった官能情報が想起されるシステムなどに応用すれば、有効的なアプリへの展開が望める。

アパレル製品は多品種であり、多様な生産方式であるから、上述のような応用を芯地などの副素材分野にも拡張していくことで、新たな消費者ニーズや生産支援へ結びついていく可能性がある。

5.5 ウェブ上のアパレル素材検索

5.5.1 ネットショッピングの課題

現代の主な消費行動は、従来からの店頭購入からテレビ通販やカタログショッピングに拡大し、今やネットショッピングが急成長している。

とくに最後のショッピング形態は、モバイル機器でも容易に購入可能なインフラが整備された環境では、消費量をいっそう伸ばすに違いない。手元に現金が無く、ショッピング場所へのアクセス手段に困る場合でも、お茶の間から手軽に買い物ができる利便性は、消費者の購買欲求を十分に満足させるものがある。

アパレル製品もネットショッピングが全盛である。衣服のように素材がデリケートであって、身体とのフィット性が重要視される製品でも、ネットで購入する流れは今後も拡大すると思われる。そこで最後に、アパレル素材を対象にして、より快適なネットショッピング実現に向けたウェブ販売システムに関して議論していく。

便利なネットショッピングであるが、まだまだ検討すべき余地は結構ある。

その改良策のひとつは、購入窓口と思われる。ショッピングの意思にかかわらず、製品カタログを一方的に受け取ることが多いので、予定外の商品を購入した経験はないだろうか。ショッピングであるからには、デパートで買い物をするように、消費者からも商品ニーズをショップへ伝達することができて当然なのである。

現行のネットショッピング環境は、電気製品のような機能性とコストパフォーマンス重視型の商品に限定すれば、それらの比較を高速で行えるので満足度は高

い。しかしアパレル製品は、電気製品に代表される機能性や操作性の満足度と異なり、素材の感触や色合いのような人間の感覚に結びつく微妙な満足度が重視される。つまり、現在のネット購入の際に見かける、「価格」や「サイズ」、あるいは「性能」の情報で、消費者がその製品を完全に理解したとは思えないのである。

この疑問の解決に向けて、消費者（ユーザ）側から自由に製品に関する情報を入力して、その情報に適切な製品を提供するインタフェースを検討してみよう。これがネットショッピングシステムに実装されれば、ユーザのニーズが製造側へ直接届くので、マーケティングの拡大や企画支援に弾みがつく。

ユーザがアパレル素材に関する用語を入力すると、それに近い素材や画像を出力するシステムは開発されてきた。これらは、しばしばエキスパートシステムと呼ばれることから、ユーザはアパレル業界関係者に限定されていた。ただ活用には、専門知識や専門用語の修得が不可欠であり、ユーザの適切な用語の使用がシステムの有効活用の条件であった。

本節で取上げるインタフェースは、ネットショッピングを想定している。したがって、用いる用語は普段使用する語が主体となる。近年はこのようなニーズに合わせて、印象や感性的な語による検索システムが発表されている [15] [16] [17]。この方法であれば、ユーザが商品の専門的な情報を持ちあわせていなくても、把握する情報の範囲内でそれらの製品情報を取得する可能性がある。

ただし課題のひとつとして、ユーザが自由に入力できるインタフェースの実装が必要である。今回対象とする製品はアパレル素材分野に限定されているが、分野ごとにデータを整理して実装することにより、他分野への活用が可能である。

対象とするシステムのユーザは、ウェブで商品検索や買い物をする一般消費者である。購入したい商品の印象や特徴を、ツイッターのように自由に記述するだけで良い。システムはユーザの入力文から、対象分野の最も適する製品を提示してくれる。

5.5.2　専門用語群と感性用語群

(1) 全体の流れ

おおまかな処理の流れを順に整理すると以下のようになる。検索アルゴリズムは、これまでの章で説明した内容を組合せているだけである。

5.5 ウェブ上のアパレル素材検索

流れ図も図5-24に示すので併せて参照して欲しい。

STEP-1　ユーザは、端末からウェブブラウザの入力欄に欲しい製品の印象や機能などを自由に書き込む。

STEP-2　入力された文章をサーバーが受け取り、その中から製品のアイテムに関連する語を抽出する。

STEP-3　さらにその文章から検索された製品の特徴に関連する印象語などを類似語も含めて抽出する。

STEP-4　ユーザの入力情報を数量化して、各製品データを数量化した製品特徴量との一致性を計算する。

STEP-5　サーバーは一致性の高い製品画像を順にユーザ端末に送る。

(2) 専門用語群

システムは最初に、ユーザが希望する製品を探すため、ユーザ入力文から専門的な用語を抽出する。

専門的な用語は多岐に渡るため、目的分野のアイテムのような分類可能な用語については、アイテム用語群とした。また、アイテム用語群がさらに分類可能な場合は、その下に下位のアイテム用語群[5]を形成した。この関係を図5-25に示す。

このように分類することで、文中から見つけた用語の範囲内で適切な製品を探し出すことができる。たとえばアパレル製品群の構築を考えよう。この製品群から目的製品を探すには、トップの専門用語は「アパレル製品」となる。そしてその下に「ジャケット」や「コート」あるいは「スカート」のようなアイテム用語群がある。さらにその下に「オーバーコート」や「レインコート」のように細分化された下位アイテム用語群がある。システムは上位の群から文中の語を探していき、最初に抽出した最下位の用語群の製品から目的商品を抽出する。

アパレル素材は、いろいろな分類方法が考えられる。構成糸の種類や、編織方法、あるいは染色加工別など多様である。本実験では、素材を選択するときにユーザが最も考慮すると思われる柄を対象として分類した。柄名は誰もが日常的に使っており、アパレル素材を扱うユーザであれば少なくとも基本的な柄名は使用しているはずである。

注5　用語の階層的な分類については、4章のアパレル図柄とフレームの表現を参照のこと。

第 5 章 印象情報予測システム

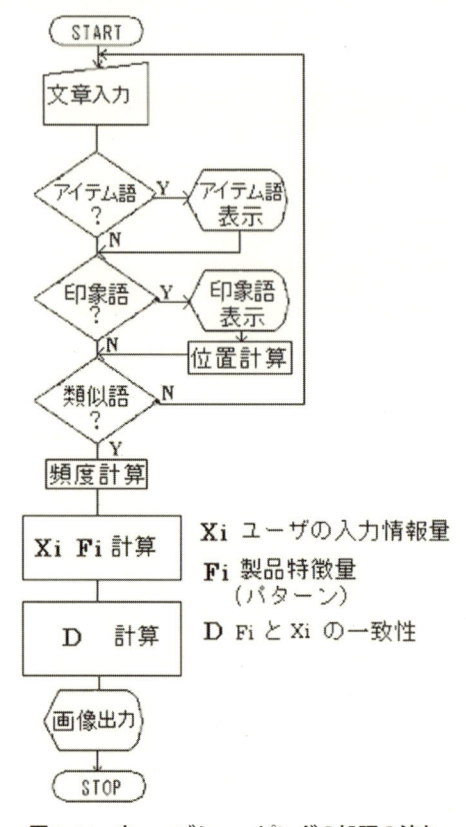

図5-24 ウェブショッピングの処理の流れ

　さて今回の実験では、トップの専門用語は「アパレル素材」となる。その下は一般によく使用する柄名が入る。「ドット」や「ストライプ」あるいは「チェック」のような誰もが着用する柄である。これが図の「アイテム用語群」に相当する。「チェック」であればその下に「ブロック」や「アーガイル」あるいは「マドラス」のように細分化された下位アイテム用語群が位置付けられる。これらの用語と素材のコードが辞書として対応付けてある。具体例としては、前章図4-21（p.89）を参照していただきたい。

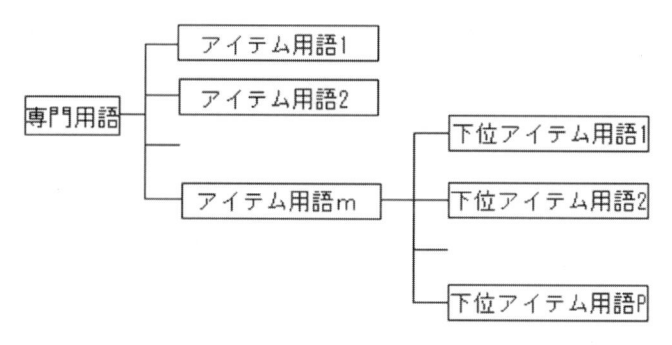

図 5-25　専門用語群

(3) 感性用語群

　専門用語群と同じく文中の印象語や感覚的な語を抽出する目的でまとめた用語が感性用語群である。

　専門用語群で対象とされたアイテムの属性には印象度が記録されている。感性用語群では入力語からそれらの印象度に対応付ける。

　ここでは画像の主観的情報と対応させるため、主観的な表現の語（以下感性語）を収集した[*6]。感性語の収集は、一般誌、経済誌、業界誌をはじめとして専門書からも収集した。集めた語から比較的使用頻度の高い語に絞り込んだ。絞り込み処理の画面を図 5-26（口絵も参照）に示す。

　今回使用した製品画像は、アパレル生地とアパレル柄である。アパレル生地[*7]の中には、「透湿性」や「撥水性」などの特殊性能を付与した加工や、「縮絨加工」のように表面処理した素材も数多く存在する。そこで用語名称には馴染まないが、それらもまた属性として感性用語群に辞書として組込である。

　つぎに用語群の中から"優しい"、"穏やか"のように意味が近似する語のグルーピングを行い、最終的には分野別に 23～28 の近似する感性語群（以下類似感性語群）を設定した。収集した全語は、いずれかの類似感性語群に振り分けた。これらの対応関係は、表 5-1（p.138）と同様である。表 5-6 に類似感性語群の一部を示す。

注6　"5.1.4　検索システムと検索実験"で用いた語群を基に構築してある。収集方法については、参考文献［4］［9］を参照されたい。

注7　収集内容については、参考文献［18］を参照されたい。

第 5 章 印象情報予測システム

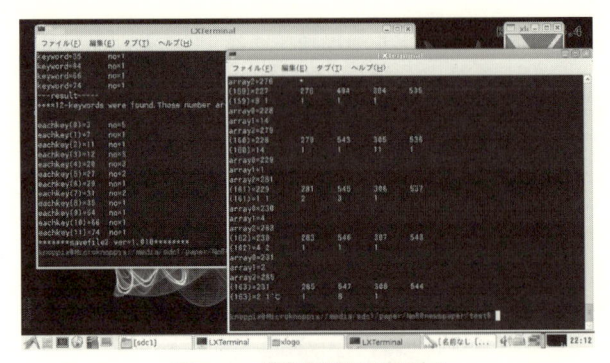

図 5-26　感性語抽出処理画面

表 5-6　類似感性語群（一部）

類似感性語コード	コードの属性*	属する感性語
_rich	n	きんきら／ゴージャス／贅沢／ぜいたく　etc.
_rich	r	貧しい／貧乏／文無し／余裕の無い／悲壮　etc.
_hot	n	暑い／暖かい／ホット／温かい／保温性　etc.

(4) 画像

　実験に用いた製品画像は、アパレル素材とアパレル柄であるが、予備実験用として動物画像を 40 点収集した。本来の目的であるアパレル素材画像は織物とニット合わせて 210 点収集した。この他アパレル柄を 450 点収集した。

　動物画像は、主観的情報だけの検索可能性を探るため、図 5-25 ようなアイテム別には振り分けず、「動物分野」に一本化した。したがって、動物名も画像には属性値として記録していない。

　「アパレル素材分野」画像は、実験規模の大きさを配慮して「織物」と「ニット」の 2 アイテム用語群に振り分け保存した。これらの下に、「ドット」、「ストライプ」などの具体的な柄名で分類される。ただしこの分野は、アパレル製品が多岐に渡ることから将来多くの専門用語別振り分けが必要になる。

　「アパレル柄分野」画像は、「アパレル素材分野」専門用語が見つからない場合に限り検索対象となる。したがって、用語は専門用語群と同じ構成であるが、製品の具体的イメージ向上のため、「織柄」と「プリント柄」を用意した。それらは、2 章の嗜好性も考慮して、「ドット」、「ストライプ」、「チェック」および「プリン

ト」から構成され、下に細分化された柄名が続く[*8]。

画像の構成を図5-27（口絵も参照）に示す。また、これらの画像の一部を図5-28（口絵も参照）～図5-32（口絵も参照）に示す。

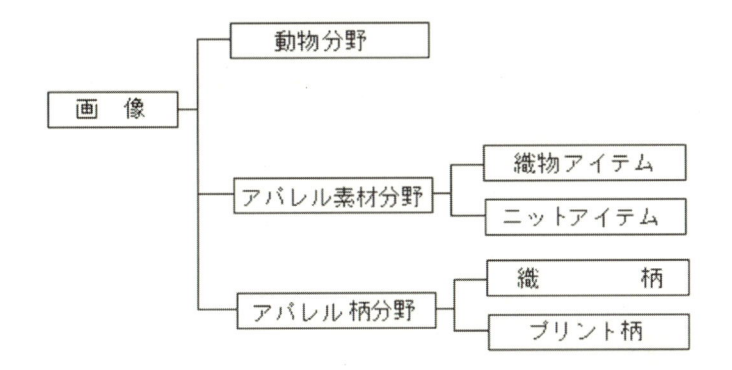

図5-27　画像分野の構成

図5-28　動物分野の画像（一部）

注8　図4-21参照のこと。

第 5 章 印象情報予測システム

図 5-29　アパレル素材分野（織物アイテムのチェック）の画像（一部）

図 5-30　アパレル素材分野（ニットアイテム）の画像（一部）

図 5-31　アパレル柄分野（織柄のチェック及びストライプ）の画像（一部）

図 5-32　アパレル柄分野（プリント柄のプリント）の画像（一部）

(5) 検索アルゴリズム

　検索アルゴリズムは、ユーザの入力文から得られた情報（ユーザ入力情報）とパターン特徴量の差（距離）を4つの成分で計ることにより、最適な目的画像を決定する方法をとっている。この理由は、全入力用語に対応する正確な人間の印象の尺度化は困難であるため、検索結果に大きく影響を及ぼすとみられる成分にまとめている[*9]。

　入力文から感性的用語やアパレル関連用語などのキーワードが抽出されると、その語と関連付けされた類似印象語辞書を参照する。そして表5-6に示すように、類似語コードに変換後前述した5.1節（p.134）のAシステムと同様に、類似語コードごとにキーワードの位置や使用頻度などを数値化して入力情報量に変換される。

注9　印象情報の主成分化の詳細については、3.1節を参照されたい。

たとえば"ウールのタータンチェックのストール"を検索したい場合を想像しよう。消費者は自分が最もこだわる製品特徴から入力する可能性がある。素材派ならば"毛100%"とか"ピュアウール"などのように入力するかもしれない。そして次にこだわる特徴を同様に入力するだろう。本実験では、Ａシステムと同様に一番目と二番目の入力語には最大のレベル値を与えている。

　Ａシステムと異なる点は、印象語の使用頻度がレベルに組込まれている点である。たとえば"暖かく保温性の高いニット地で、・・・"の入力文は、"暖かく"と"保温"はどちらも類似感性語群"_hot"の'n'に属する[10]。したがって、文中の使用頻度は高くなるのでレベル値があがり"_hot"のユーザ入力情報量は増加する。

　ユーザ入力情報量は最終的に次に示すパターン特徴量に対応する4つの成分に分けられる。パターン特徴量は、各画像の属性値である。それらは印象度を直接使用しないで、"3.5.1 印象情報の合成（p.73）"で説明した4つの主成分に再構成してある。ユーザ入力情報も同様に4つの主成分に対応して分割され、パターン特徴量との距離が計算される。最終的に距離（D）が小さい画像から出力する。なお素材画像特有の機能性データは別になっている[11]。

　ユーザ入力情報量とパターン特徴量との距離は、以下の式で表す。

$$D = \sum_{i=1}^{m}(X_i - F_i)^2 \qquad (5\text{-}7)$$

ここで，D　；距離
　　　　X_i　；ユーザ入力情報量
　　　　F_i　；パターン特徴量
　　　　m　；入力情報（特徴量）の種類（本実験では4）

注10　表5-6参照のこと。
注11　機能性の項目は、起毛処理やラミネートのような表面処理や透湿性のように着用者の感覚に関連する加工に限定している。また、撥水加工などのように表示されている場合は、項目に取り入れた素材もある。

5.5.3 実験

(1) システム

ユーザ入力文字列から、専門用語や感性用語を検索する手順は、第 4 章 4.4.5 (p.120) の手法を踏襲している。しかし、ウェブでの利便性を考えてプログラムは Perl で記述してある。Perl は多くのプラットフォームに対応しており、CGI スクリプトを書きやすい。そして Lisp と同様にテキスト処理に優れているので、入力文字列の検索・処理の機能は豊富である。

(2) 動物分野の入出力

ユーザは、ウェブブラウザより目的とする製品等について日本語を用いて自由に入力する。検索画像について、主観的な表現の有無、あるいは専門用語使用の有無は自由である。文字数の制限は設定していない。

動物検索入力画面の一例を図 5-33（口絵も参照）に示す。

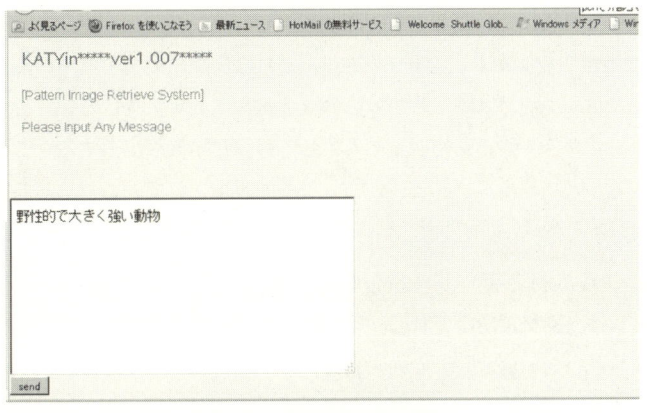

図 5-33 動物検索入力画面

システムは、「動物」の文字を抽出して動物分野の画像の属性を「野性」、「大きく」、「強い」文字列に関して式 (5-7) に従って処理する。そして、入力情報に最も合致する画像をユーザに出力する。

つまり、入力文に関してアイテム用語があれば、そこに属する画像の範囲内で検索を続行する。つぎに感性語が含まれている場合、類似感性語を検出し、その頻度なども加味してからユーザ入力情報量を計算する。そして、最もパターン特

徴量との距離が短い画像をブラウザに順に表示する。

動物検索の出力画像を図 5-34（口絵も参照）に示す。

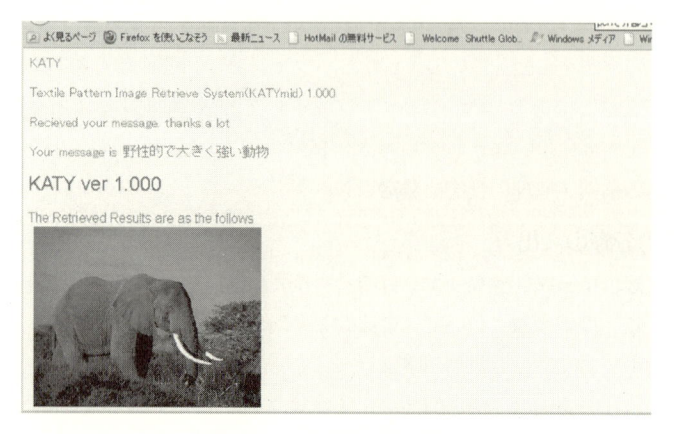

図 5-34　動物検索出力画面

図では、出力画像数は 1 画像であるが、これは任意に変更可能である。アパレル素材とアパレル柄では画像数が多いので 3 画像に設定している。

「野性的で大きく強い動物柄」と入力しても同じ結果が出力する。これは、専門用語群で「アパレル素材」と「動物」が優先設定されているためであり、この結果を変更するには、「動物柄」を専門用語として登録すれば良い。

(3) アパレル素材とアパレル柄分野の入出力

システムは、素材用語があれば「アパレル素材分野」画像の検索を行うが、無い場合は「アパレル柄分野」の検索を行う。

春物アパレル素材検索の入力画面を図 5-35（口絵も参照）に示す。

その出力画像を図 5-36（口絵も参照）に示す。

例では、入力文字列に「素材」と「プリント柄」が挿入されているので、システムは、「アパレル素材分野」の「織物アイテム」と「ニットアイテム」両方のプリント柄の画像を検索する。そして、感性用語群の抽出処理を行う。感性用語群は、"爽やか"、"春もの（＝春物）"および"ヤングアダルト"が抽出される。

入力文字列に「アパレル素材分野」関連の専門用語が無い場合は、「アパレル柄分野」とみなして「織柄」または「プリント柄」の画像を検索する。また、"織

物"、"布帛"、"布"などの素材関連文字が抽出されたときは、図柄ではなく素材を表示する。

入力文字列中に「プリント」、「チェック」あるいは「ストライプ」のような具体的柄名があればその分野の画像を検索していく。無い場合は、対応する分野の全画像が対象となる。

図 5-35　春物アパレル素材検索入力画面

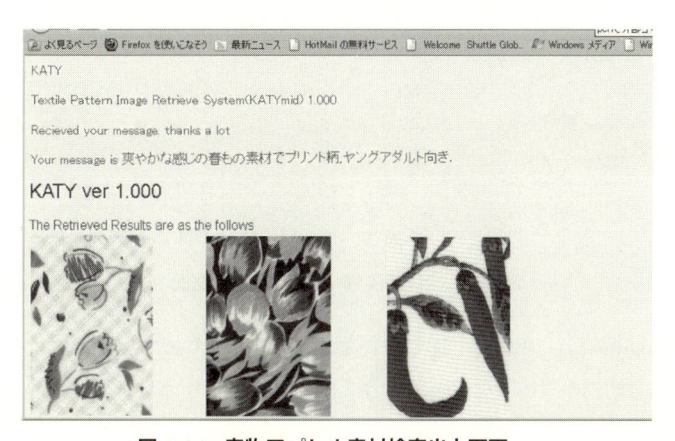

図 5-36　春物アパレル素材検索出力画面

図 5-37（口絵も参照）と図 5-38（口絵も参照）に春物アパレル素材検索と同じ文字列を入力したときの入出力結果画面を示す。"素材"の二文字が入っていな

第 5 章 印象情報予測システム

い点に注意していただきたい。

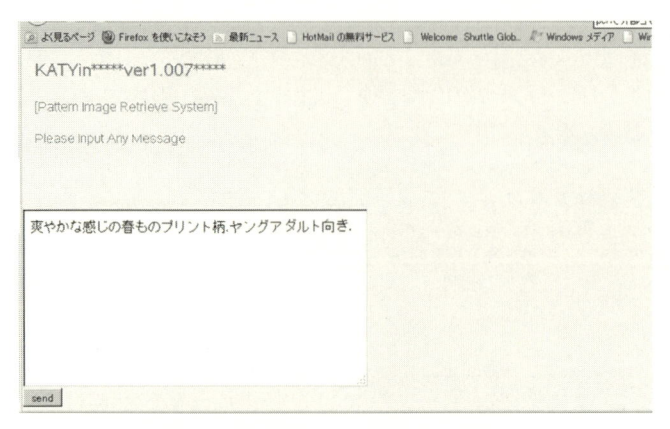

図 5-37　春物アパレル柄検索入力画面

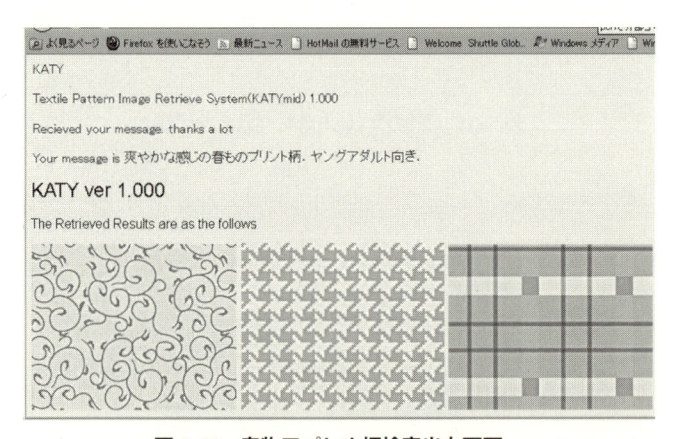

図 5-38　春物アパレル柄検索出力画面

　素材と図柄の出力画像は、同じ表現を用いても印象が異なることが分かる。
　つぎに、図柄の具体的な出力例をあげる。「チェック」と「ストライプ」のアパレル柄にたいして同じ表現を用いて検索した場合の出力を図 5-39（口絵も参照）と図 5-40（口絵も参照）に示す。

5.5 ウェブ上のアパレル素材検索

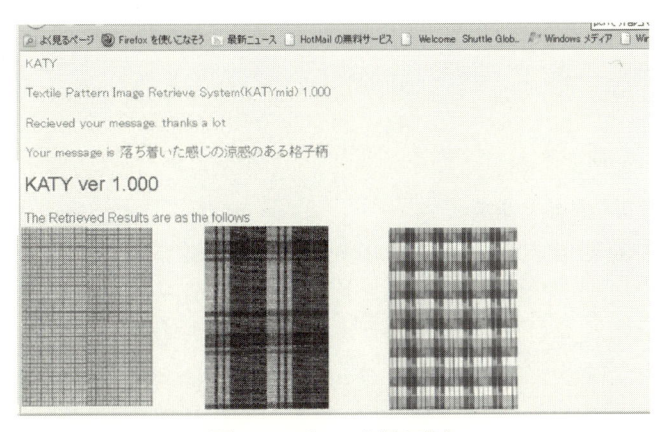

図5-39 チェック柄の出力

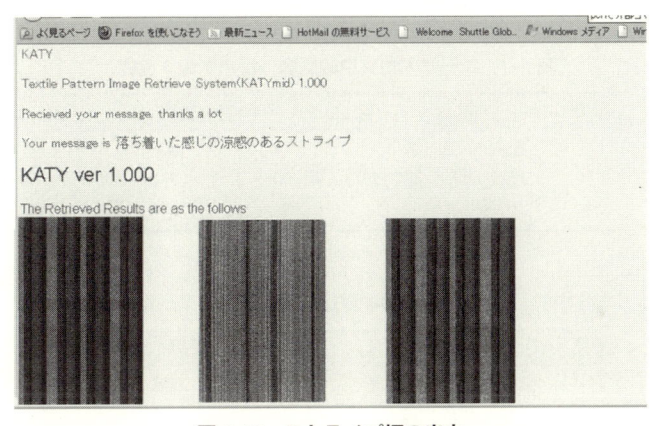

図5-40 ストライプ柄の出力

　どちらも「落ち着いた感じの涼感のある○○柄」を用いて検索した結果、似たような印象を受ける画像が出力される。入力文字列の柄名は、「格子柄」になっているが、これは「チェック」に変換されて検索される。
　以上の例のように、異なる印象語や専門用語が3語以上挿入されていれば、高いヒット率で検索される。しかし実際には、このような理想的な入力文字列は少なく、様々な表現で入力されるであろう。また新しい用語に対応していくには、感性用語群辞書のメンテナンスも小まめに行う必要がある。さらにパターン特徴

175

量を 4 つの主成分にまとめているため、精度の高い検索を望む場合はより多くの印象情報をカバーする主成分を取り込む必要があるかもしれない。

5.5.4 評価

(1) 入力語の種類と語数

5 名の 20 代女性テスターが検索実験を評価した結果を示す。

本システムは、自由なテキスト入力によるインタフェースを用いているため、入力語の種類は今後の設計の参考となる。そこで今回の実験では入力語を、専門用語、感性語等主観的表現の語およびそれら以外の語に分類した。ただし専門用語は、動物ならば'トラ'や'猫'のような動物名[*12]まで幅広く対応した。また、アパレル素材でも、動物と同様に生地名や'ボトム'、'インナー'などの製品アイテム名も専門用語として解釈した。

表 5-7 ユーザ入力文中の語数（目的画像：動物）

番号	項目	平均使用語数（語）／回
(1)	動物専門用語	0.8
(2)	感性語等主観的表現の語	1.4
(3)	その他の語	0.3

表 5-8 ユーザ入力文中の語数（目的画像：アパレル素材）

番号	項目	平均使用語数（語）／回
(1)	アパレル専門用語	1.8
(2)	感性語等主観的表現の語	1.7
(3)	その他の語	0.2

表 5-7 および表 5-8 より、目的の画像を表現するには感性的な語を最も使用する。1 検索当たりの最多使用数は、動物、素材とも 1 から 2 語であり、検索に使用しやすいことが分かる。動物実験の専門用語は、爬虫類のような分類名が一部あるが大半が動物名であった。動物では普段に見かける動物の種類に限定されているので、動物名の入力に対応すれば 100% 近くヒットすることになるだろう。

アパレル素材は製品アイテム名が最も多く、次に素材名とブランド名であった。

注 12 動物分野の実験では動物名は専門用語に加えていない。

平均使用の1.8語中、専門用語の辞書に含まれていた語は44%（0.8語）であった。本実験の対象は"素材"であるため、ブランド名やアイテム名まで十分にカバーしていなかったことが原因である。また一般の消費者は、素材の組成や編織組織よりも日常コマーシャルなどで知り得る用語を用いることが多い。アパレル製品を表現する語は年々増加しているので、システムのメンテナンスは欠かせないことを痛感する。

また、近年広告で目にする"ヒートテック[*13]"などの機能性を表現する用語も使用されていた。これらの結果から、一般消費者にとって感性的な語も利用できるインタフェースは、文字入力操作環境が整えば製品ニーズの表現方法として適当であろう。

(2) 画像ヒット率

5名の画像ヒット率の平均値を図5－41（1）（2）に示す。ここで、100%であれば画面の出力結果は全て満足であることを意味する。

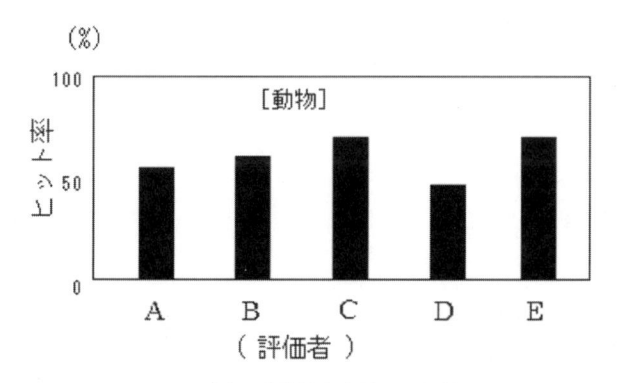

図 5-41（1） 動物検索実験の評価結果

5名の平均は、動物検索の場合61%、アパレル素材検索では69%である。動物検索では動物名を入力したケースが多いため、アパレル素材に比較して画像ヒット率が低いと推測される。アパレル素材では、前述の専門用語の不備が影響している。つまり、素材でヒットしなかったため、アパレル柄分野の画像が出力されてヒット率低下が生じたケースが少なくない。

注13　（株）ユニクロ、東レ（株）の吸湿発熱素材の登録商標。

第 5 章 印象情報予測システム

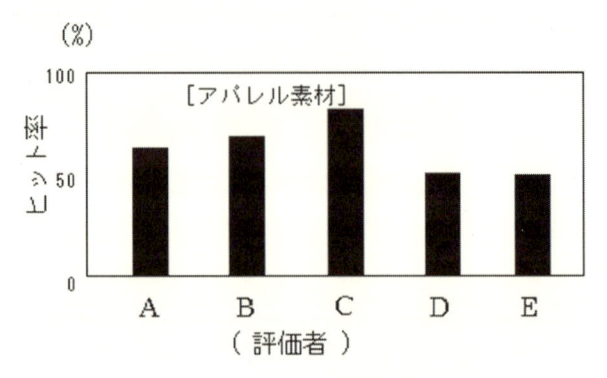

図 5-41（2） アパレル素材検索実験の評価結果

また動物とアパレル素材分野検索に共通して言えることは、本システムでは、入力文の構文解析［20］［21］を行っているわけではない。したがって、以下の文では正しくユーザ入力情報量を計算できない。

　　［正しく計算できない例］
　　　"重い感じのしない素材" → "重い" として評価する。

　　［正しく計算できる例］
　　　"重くない感じの素材" → "重い"の否定として評価する。

5.6　第 5 章のまとめ

　本章では、印象情報などの主観的情報からユーザが目的とする画像情報を検索するアルゴリズムとそれらを実装したシステムの実験に関して説明した。
　まずユーザの入力インタフェースの違いと、それらの特徴に関して述べた。決められたキーワードの印象度を一定個数入力する方式や、キーワードを任意に入力する方式とツイットのごとくブラウザから自由に文を入力する方式である。
　検索アルゴリズムは、画像属性として記録された印象度に直接結びつける技法や、入力文から設定されている専門用語を抽出して数量化し、画像特徴量との差を計算する技法などを述べた。

また処理系としては、ディスクトップで完結するクローズな処理法とインターネットを介して行う広域的な処理法について述べた。

いずれのシステムも一長一短があり、完全とは言い難い。

決められたキーワードを入力するインタフェースは、印象語が既に組み込まれているためシステムのメンテナンスが容易である。またユーザも、入力時に検索語を考える余計なエネルギーを使わないで済む。しかし、既に入力語が決められていることはユーザニーズを限定することになる。また、アパレル素材のように毎年新たな製品が開発される業界では、キーワードを変更していく必要がある。

人間の用いる語にマッチする全ての画像を装備することは、作業量を考えれば現実的とは言えない。すべての人が同じ尺度でものを言っているわけでは無い。主観的表現は各人が各様の基準を持っているわけだから、それらの語すべてに客観的基準を設けることは無理である。そこで印象を4つの主成分で表現してそれらと入力語を対応させた。この方法により多くの入力文を量的に表現することができた。

インターネットが普及している現在は、日本語の入力にキーボードやタッチパネルの利用は普通の手段である。そこでツイッターのように入力してネット経由でアパレル素材情報の検索システムを構築した。目的画像を動物とアパレル素材に限定して、システムの評価を行った。素材の平均ヒット率は69%であり、十分とは言えないが実用的には辞書の追加などで対応可能と思える。

今回のモデルでは検索システムとして小規模である。しかしアパレル素材には素人でも、印象語によりウェブ上で目的商品を検索するインタフェースは、ショップと消費者の距離を短縮する。日本語文字入力操作が可能であれば誰もが利用できる。このことは、専門性が高く操作性が困難であったエキスパートシステムのユーザに、誰でもなれることを意味する。

本章では、これまでの章のまとめとして、2から4章までに議論した印象モデルを実装してその有効性を探ってきた。

人間がある刺激から受けた印象を文字で表現することは、日常会話の不十分な情報伝達を考えると、本当に難しい。それをコンピュータで処理することの大変さを、改めて重く感じている。

ここで扱った印象は、視覚と触感である。アパレル生地の触感を表現する語は、

視覚に比べて意外と限られている。いや、他の素材ではさらに少ないに違いない。そこで、風合いのような微妙な触感を表す表現が現在も通用しているのだろう。しかし風合い用語は、多分現代の若者には十分に理解されていないに違いない。そこで触感をさまざまな方向からシステマチックに研究する試みが行われている[22]ことも時代の必要性なのだろう。

　インターネットをしながら、消費者が所望するウェアの触感や見栄えを高精度でショップに伝達する時代は存外近いかもしれない。

第5章参考文献

［1］塩澤秀和、西山晴彦、松下豊　"人間のあいまいな感性を反映する絵画検索システム"、ヒューマンインターフェース、日本情報処理学会、54-5,　(1994) 33-40

［2］清水康、中村昌弘 "意味的・感性的連想サーチエンジンの実現に関する研究"、異メディア・アーカイブの横断的検索・統合ソフトウェア開発研究成果報告書 (2004)

［3］多川勇介、相原康弘他 "印象語と使用データのマッピングに基づく情報検索サービス" 人口知能学会年次大会 2F1-2in,　(2011)

［4］石井眞人 "類似画像群の構築（分類ワードと分類手順）"、2003年度日本図学会大会〈関東〉学術講演論文集、(2003) 19-22

［5］T.Kohonen "Correlation Matrix Memory" ,IEEE Trans.Computers, C-2 [4],353-359, (Aprl 1972)

［6］橋口健一、川村正樹 "非単調アナログ値連想記憶モデルにおける分岐とアトラクタ共存"、電子情報通信学会論文誌,Vol.J89-D No.9,（2006）2123-2133

［7］K.Nakano "Association-a method of associative memory" ,IEEE Trans.System, Man and Cybernetics,SMC-2 [1],　(1972)　380-388

［8］石井眞人他 "テキスタイル柄の嗜好調査と印象語の分析"、グラフィックスとＣＡＤ　70-8, (1994)

［9］M.Ishii and K.Kondo, " The Retrieval System for Apparel Material Database using Impression-word", Journal of Tex. End-Use of Japan,Vol.41,No.4, (2000) 433-441

［10］たとえば、谷荻隆嗣他 "ニューラルネットワークとファジィ信号処理"、コロナ社, (1998)

[11] Masato Ishii" Associative Memory Model which Corresponds to Subjective Evaluation Values of Women s Wear Materials", *ATC11*, (2011)

[12] 川端季雄 "風合い評価の解析と標準化"、日本繊維機械学会風合い計量と規格化研究委員会、(1980)

[13] 熨斗秀夫他 "布の風合い－基礎と実際－"、日本繊維機械学会、(1972)

[14] 増山英太郎、小林茂雄 "センソリー・エバリュエーション－官能量検査へのいざない－"、垣内出版、(1989)

[15] 井上光平、浦浜喜一 "混合密度回帰に基づく感性検索"、電子情報通信学会論文誌、Vol.J83-D-II,No4、(2000) 1192-1194

[16] H.Nakatani and Y.Itoh, "An image retrieval system that accepts natural language", *AAAI-94 Workshop on Integration of Natural Language and Vision Processing*, (1994) 7-13

[17] 近藤邦雄他 "画像特徴を用いた個人対応型感性データベースの検索 "、埼玉大学紀要 工学部29、(1996)

[18] Masato Ishii, " Retrieval System of an Apparel Material Database "、Hong Kong Polytec. Univ. 「Research Journal of Textile and Apparel」(Vol7‐1)、(2003) 38-48

[19] 石井眞人 "感性情報判断用閾値を組込んだ画像クラスタリングシミュレータ"、図学研究、Vol.40-2、(2006) 3-8

[20] 牧野武則 "COMシリーズ図解自然言語処理"、オーム社、(1991)

[21] 野村活郷 "言語処理と機械翻訳"、講談社サイエンティフィック、(1991)

[22] 仲谷正史他 "触感をつくる－《テクタイル》という考え方－"、岩波科学ライブラリー、(2011)

あとがき

　日本人が「あの人は、感性が高い。」という言い方をときおり耳にする。これは、日本語の深さを感じさせる。一方「印象」は、「高い」とか「低い」という表現はしない。

　タイトルである「印象情報処理」は、おそらく本書の造語である。この語に意味的に近い語としては「感性情報処理」がある。印象は感性とは親戚関係のようにも受け取れるが、「感性」とぴったり一致する外国語は知る範囲において聞いたことが無い。

　「感性」も「印象」もその表現する意味は主観的内容であるが、どちらかと言えば「感性」は第三者的表現も含むので、「印象」より意味的に対象が広いと考える。そして、「印象」は「感性」を具体的な言葉あるいは語で表現しているから、完全に「感性」を満足しているわけではない。おそらく世界中の言葉を探しても、「感性」を満足に説明できる表現は無理なのではないか。

　本書では、アパレル素材を視覚と触感による印象だけで評価しているため、「感性情報処理」よりも狭い範囲の「印象情報処理」を用いた。

　筆者の浅学非才ゆえ、個々の実験やアルゴリズムの解説において十分な説明に至らなかった点をお詫び申し上げる。また、本書に関して諸先生方のご批判等頂ければ幸いである。

2013 年元旦

謝辞
　本書を出版するにあたり、相模女子大学学術刊行助成費（平成 24 年度）を頂いた。また、くんぷるの浪川社長には構成の面などでお世話になった。
　深く感謝します。

索　引

A
Access ································ 139
AND 検索 ···························· 139

B
BAM (Bidirectional Associative Memory)
　································ 152

C
CCU ································· 90
C 言語 ······························· 120

J
Java ································ 120

L
LISP ································ 120
Lisp ································ 171

M
Minsky ······························ 111

P
PBLAB ······························ 154
Perl ································ 171

Q
Quick Leaning Algorithm ············· 154

R
RGB ································ 145
RGB 情報 ····························· 44

S
SD 法 ································ 16
Solso ··························· 109, 110

T
T シャツ ······················· 15, 17, 18

V
Varimax 回転 ························· 63

ア
アーガイル ··························· 164
アイテム用語群 ·················· 163, 164
あいまい性 ··························· 135
アソシアトロン ·················· 152, 154
アパレル柄 ···· 91, 112, 166, 172, 174, 177
アパレル柄検索システム ··············· 55
アパレル生地 ························ 179
アパレル図柄 ··················· 107, 116
アパレル製品 ·························· 15
アパレル素材 ···· 149, 151, 152, 154, 166, 172, 177
アパレル素材検索システム ···· 37, 39, 52, 129
アパレルモノトーン柄データベース ···· 38
アルゴリズム ························ 160

185

索引

イ

糸使い・・・・・・・・・・・・・・・・・・・・・・・・・・・ 53
意味ネットワーク・・・・・・・・・・・・・・・・・・ 111
色情報・・・・・・・・・・・・・・・・・・・・・・・ 41, 154
因子軸の回転・・・・・・・・・・・・・・・・・・・・・・ 19
因子スコア・・・・・・・・・・・・・・・・・・・・・・・・ 26
因子負荷行列・・・・・・・・・・・・・・・・・・・・・・ 63
因子負荷量・・・・・・・・・・・・・・・・・・・・・・・・ 65
因子負荷量行列・・・・・・・・・・・・・・・・・・・・ 58
因子分析・・・・・・ 25, 38, 56, 96, 97, 104, 129
印象語情報・・・・・・・・・・・・・・・・・・・・・・・ 122
印象語入力インタフェース・・・・・・・・・ 133
印象語モデル・・・・・・・・・・・・・・・・・・・・・・ 74
印象情報・・・・ 42, 72, 83, 96, 104, 105, 120,
　　129, 155, 178
印象情報処理・・・・・・・・・・・・・・・・・・・・・ 107
印象データ・・・・・・・・・・・・・・・・・・・・・・・・ 73
印象特性因子・・・・・・ 52, 56 -- 58, 61, 65, 66,
　　70, 71, 74, 97
印象度の期待値・・・・・・・・・・・・・・・・・・・・ 46
印象度予測モデル・・・・・・・・・・・・・・・・・ 129
印象変動・・・・・・・・・・・・・・・・・・・・・・・・・・ 45
印象モデル・・・・・・ 15, 39, 51, 72, 80, 82, 142
印象予測・・・・・・・・・・・・・・・・・・・・・・・・・ 106
インタプリタ・・・・・・・・・・・・・・・・・・・・・ 120

ウ

ウィンドウペーン・・・・・・・・・・・・・・・・・ 102

エ

英国伝統柄・・・・・・・・・・・・・・・・・・・・ 70, 101
エリア・・・・・・・・・・・・・・・・・・・・・・・・・・・ 107
エリア番号・・・・・・・・・・・・・・・・・・・・・・・ 118
エントロピモデル・・・・・・・・・・・・・・・・・・ 23

オ

翁格子・・・・・・・・・・・・・・・・・・・・・・・・・・・ 102
オブジェクトコード・・・・・・・・・・・・・・・ 115
オブジェクト情報・・・・・・・・ 120, 122, 128
オブジェクトの分類・・・・・・・・・・・・・・・ 116

カ

開閉性・・・・・・・・・・・・・・・・・・・・・・・・・・・ 117
画像クラスター・・・・・・・・・・・・・・・・・・・・ 62
画像処理・・・・・・・・・・・・・・・・・・・・・・ 87, 91
画像属性・・・・・・・・・・・・・・・・・・・・・ 105, 134
画像データベース・・・・・・・・・・・・・・・・・・ 36
画像特徴量・・・・・・・・・・・・・・・・・・・ 135, 143
柄・・・・・・・・・・・・・・・・・・・・・・・・・・・・ 15, 16
感性情報・・・・・・・・・・・・・・・・・・ 24, 47, 104
感性モデル・・・・・・・・・・・・・・・・・・・・・・・・ 52
感性用語・・・・・・・・・・・・・・・・・・・・・・・・・ 171
感性用語群辞書・・・・・・・・・・・・・・・・・・・ 175
官能検査・・・・・・・・・・・・・・・・・・・・・ 155, 156

キ

企画支援・・・・・・・・・・・・・・・・・・・・・・・・・ 162
期待値・・・・・・・・・・・・・・・・・・・・・・・・・・・・ 46
基本構図・・・・・・・・・・・・・・・・・・・・・・・・・・ 76
基本的刺激・・・・・・・・・・・・・・・・・・・・・・・・ 40
共通の部品・・・・・・・・・・・・・・・・・・・・・・・ 113
曲線・・・・・・・・・・・・・・・・・・・・・・・・・・・・・・ 76

ク

クラスター化・・・・・・ 21, 25, 39, 61, 68, 69,
　　152
クラスタリング・・・・・・・・・・・・・・・・・・・ 149
黒画素数分布・・・・・・・・・・・・・・・・・・・・・ 104

186

ケ

- 計測物理量 ・・・・・・・・・・・・・・・・・・・・・・ 107
- ゲシュタルト心理学 ・・・・・・・・・・・・・・・ 40
- 検索アルゴリズム ・・・・・・・・・・・・ 162, 169
- 検索キーワード ・・・・・・・・・・・・・・・・・・ 37
- 検索システム ・・・・・・・・・・・・ 56, 61, 80

コ

- 格子柄 ・・・・・・・・・・・・・・・・・・・・・・・・ 175
- 合成部品 ・・・・・・・・・・・・・・ 107, 109, 111
- 構成要素 ・・・・・・・・・・・・・・・・・・・ 40, 41
- 構成要素抽出手法 ・・・・・・・・・・・・・・・ 93
- コート生地 ・・・・・・・・・・・・・・・・・・・・・ 159
- コート用生地 ・・・・・・・・・・・・・・・・・・・ 154
- 誤差率 ・・・・・・・・・・・・・・・・・・・・・・・・ 79
- 子持ち格子柄 ・・・・・・・・・・・・・・・・・・ 110
- 固有値 ・・・・・・・・・・・・・・・・・・・・・・・・ 75
- 固有値ベクトル ・・・・・・・・・・・・・・・・・・ 75
- コンジョイント分析 ・・・・・・・・・・・・・・・ 24
- コンパイラ ・・・・・・・・・・・・・・・・・・・・・ 120
- コンピューティング環境 ・・・・・・・・・・・ 91

サ

- 最長距離法 ・・・・・・・・・・・・・・・・・・・・ 69
- 三元の分割表 ・・・・・・・・・・・・・・・・・・ 49

シ

- シェファード柄 ・・・・・・・・・・・・・・・・・・ 89
- 視覚情報 ・・・・・・・・・・・・・・・・・・・・・ 151
- 閾値 ・・・・・・・・・・・・・・・・・・・・・ 75, 155
- 嗜好性 ・・・・・・・・・ 15 -- 17, 19, 23 -- 25, 35
- 嗜好モデル ・・・・・・・・・・・・・・・・・・・・ 24
- シミュレーション ・・・・・・・・・・・・・・ 79, 83
- 重回帰分析 ・・・・・・・・・・・・・・・・・・・・ 45
- 重回帰モデル ・・・・・・・・ 96, 98, 100, 105
- 重相関係数 ・・・・・・・・・・・・・・・・・・・・ 79
- 重相関モデル ・・・・・・・・・・・・・・・・・・ 104

- 主観的情報 ・・・・・・・・・・・・・・・・・・・・ 37
- 主観的特徴量 ・・・・・・・・・・・・・・・・・ 135
- 主観的評価値 ・・・・・・・・・・・・・・・・・ 134
- 出現頻度 ・・・・・・・・・・・・・・・・・・・・・・ 63
- 小規模単層ニューロモデル ・・・・・・・ 142
- 消費行動 ・・・・・・・・・・・・・・・・・・・・・ 161
- 触感情報 ・・・・・・・・・・・・・・・・・・・・・ 151

ス

- 推論部 ・・・・・・・・・・・・・・・・・・・・・・・・ 55
- スーツ生地 ・・・・・・・・・・・・・・・・・・・・ 159
- スーツ用生地 ・・・・・・・・・・・・・・ 154, 157
- 図柄構成復元プログラム ・・・・・・・・・ 121

セ

- 製品イメージ ・・・・・・・・・・・・・・・・・・・ 15
- セグメント化 ・・・・・・・・・・・・・・・・・・・・ 25
- 線形写像 ・・・・・・・・・・・・・・・・・・・・・・ 45
- 線形モデル ・・・・・・・・・・・・・・ 45, 88, 96
- 潜在的因子 ・・・・・・・・・・・・・・・・・・・・ 20

ソ

- 想起ヒット率 ・・・・・・・・・・・・・・・・・・・ 158
- 測定環境 ・・・・・・・・・・・・・・・・・・・・・ 155
- 測定尺度 ・・・・・・・・・・・・・・・・・・・・・ 156
- 素材感 ・・・・・・・・・・・・・・・・・・・・・・・・ 76
- 素材検索システム ・・・・・・・・・・・・・・・ 23

タ

- 多次元分割表モデル ・・・・・・・・・・・・・ 45
- 単調増加 ・・・・・・・・・・・・・・・・・・・・・・ 27

チ

- チェック柄 ・・・・・・・・・・・・ 89, 90, 92, 108
- 知覚的体制化 ・・・・・・・・・・・・・ 40, 42, 43
- 直線 ・・・・・・・・・・・・・・・・・・・・・・・・・・ 76

テ

- テキスタイル柄 139
- テキスタイルデザイナー 16
- 点 76
- 伝統柄 65, 102
- デンドログラム 21, 69

ト

- 透湿性 165

ニ

- 二層連想記憶モデル 158
- 日本伝統柄 103
- ニューロモデル 133, 143

ネ

- ネクタイ 17, 21, 23
- ネットショッピング 161

ハ

- パーソナルコンピュータ 90
- パターン情報 145
- パターン認識 87
- 撥水性 165
- バリマックス回転 97

ヒ

- ヒートテック 177
- 非線型モデル 96

フ

- 風合い 156
- 服地検索システム 87
- 婦人織物服地 154
- フラクタル次元 104
- プリーツ加工 92
- プリント柄 166
- プリント生地 149
- フレーム形状 113, 115
- フレーム言語 106, 113, 130
- フレーム言語化 128
- フレーム理論 111
- プログラミング言語 120
- ブロック 164

ホ

- ボーダー柄 15

マ

- マーケティング 162
- マドラス 164

ミ

- 三筋格子柄 101

メ

- 面 76

モ

- モノクロアパレル柄 35, 83
- モノクロ画像検索実験 106
- モノクロチェック柄 83, 96, 122
- モノトーン図柄 96

ユ

- ユークリッド平方距離 21
- ユーザインタフェース 73

ラ

- ラベリング 91

リ

リジッド分析 ・・・・・・・・・・・・・・・・・・・・・・・ 23
リピート ・・・・・・・・・・・・ 40, 42, 88, 90, 106
量子化関数 ・・・・・・・・・・・・・・・・・・・・・・・ 155

ル

累計誤差率 ・・・・・・・・・・・・・・・・・・・・・・・ 49
類似語コード ・・・・・・・・・・・・・・・・・・・・ 169

類

類似性 ・・・・・・・・・・・・・・・・・・・・・・・・・・・ 61
累積寄与率 ・・・・・・・・・・・・・・・・・・・・・・・ 75

レ

連想記憶モデル ・・・・・ 149, 152 -- 154, 156, 158, 160
連続線 ・・・・・・・・・・・・・・・・・・・・・・・・・・ 117

著者紹介

石井眞人
1946 年生まれ
埼玉大学大学院理工学研究科情報数理科学専攻単位取得退学
東京都立繊維工業試験場,相模女子大学短期大学部を経て
現在,相模女子大学教授
博士(学術;埼玉大学)
技術士(繊維)
担当科目　アニメーションプログラミング,感性情報論など

アパレル素材の印象情報処理

2013年3月29日発行
著者　　　　　石井眞人
印刷：製本　　互恵印刷(株)
発行所　　　有限会社くんぷる

ISBN978-4-87551-171-7　c3004
定価：本体価格2800円+税

本書に関するお問い合わせはinfo@kumpul.co.jpへメールにてお問い合わせください。